おもしろサイエンス

錆の科学

堀石七生［著］

FeOOH

FeO

B&Tブックス
日刊工業新聞社

はじめに

日常用品の金属製品には錆が発生することは、どなたでもご存知だと思います。金属が酸化して錆びることを「腐食」と言います。これは金属が朽ち果てて金属ではなくなることを意味します。日常用品や生活環境の中の金属製品が錆びることは生活する上で障害になります。そこで、金属の腐食を防ぐための防錆技術の開発が古くから行われてきました。

その一方で、錆を工業材料として積極的に利用してきたもう一つの歴史があります。鉄が酸化して錆となったものを酸化鉄と言いますが、酸化鉄は広い地域で天然に産出し、着色顔料として古くから広く重用されてきました。赤錆からなる弁柄は、旧石器時代のラスコーの洞窟壁画の時代から用いられた長い歴史をもち、日本では弁柄格子や有田焼の赤絵などが有名で、色の鮮やかさとともに優れた耐候性ももっています。また、お歯黒や南部鉄器の表面処理のように黒錆も防食目的で利用されていました。今日では人工合成された酸化鉄は、着色顔料のみならず、磁石、磁気テープ、自動改札切符、トナーなど種々の磁性材料としても利用されーTを陰で支えていますが、このことをご存知の人は意外に少ないようです。

著者は1960年に酸化鉄メーカーの戸田工業㈱に入社しました。当時、酸化鉄の製造工程で発生する有毒な亜硫酸ガスが公害問題となっていました。著者は亜硫酸ガスを発生させない無公害製法を1965年に開発し、そして、この技術の応用によって酸化鉄は磁性材料に生まれ変わりました。

著者は酸化鉄の機能性と合成法に関する研究開発に長年取り組んできた結果、鉄錆は古代から現代に至る文明と産業を支えてきた古くて新しい工業材料であり、多様で優れた機能性があることを知りました。そこで、多くの人々に鉄錆の百面相の機能性を知ってもらうために本書を書きました。鉄錆が生活に密着した有用な工業材料であることを理解していただければ幸いです。

出版に際し、出版の動機とご推薦を賜りました早稲田大学名誉教授の一ノ瀬昇先生に心からの感謝を申し上げます。また、編集企画を全面的にご支援いただきました日刊工業新聞社出版局書籍編集部の森山郁也氏に厚くお礼申し上げます。

堀石　七生

２０１５年５月

目次

第2章 天然産の鉄錆

第3章 伝統産業に使われた鉄錆

第4章 現代の基幹産業を支える鉄錆

第5章 情報化社会をつくった鉄錆

第6章 未来産業へと続く鉄錆の新機能

Column

第1章

錆はどのようにしてできるか

1 鉄は水と酸素で錆びる

私たちは生活の中で金属製の日用品をたくさん使用していますが、錆びるので困ります。特に錆びやすいのは包丁や鍋などの台所用品です。

金属は全て、水と酸素により腐食されて錆を生じますが、台所は水を使う湿気の多い場所なので、包丁や鍋を濡れたまま放置しておくと水と空気中の酸素により腐食されて錆びるのです。

この鉄が錆びる様子を化学の眼でみると次のようになります。

金属鉄は鉄原子と自由電子から構成されています。鉄が水に触れると、鉄の表面がイオン化されて第一鉄イオンを溶出します。この時、同時に水中に溶存している酸素により自由電子が放出されて、水酸基イオンが生じます。この水酸基イオンと第一鉄イオンによる反応により、水酸化第一鉄の白い錆が生成します。そして、この水酸化第一鉄が、水中に溶存している酸素で酸化されて含水酸化第二鉄を生成し、黄褐色の錆が生じます。

このように、鉄は水と酸素により腐食されて錆びるのです。

「腐食」とは、文字通り金属が朽ち果てて酸化物の錆になることを意味します。

金属の腐食には「湿食」と「乾食」があります。金属が水と酸素により腐食することを「湿食」、金属が空気などガス中で高温に曝されることにより腐食したり化学薬品で腐食させたりすることを「乾食」といいます。

金属の種類により腐食の難易度は異なりますが、すべての金属は腐食して錆を生じます。左頁の下の図に金属の錆びやすさの目安を示しました。この図は金属

錆の生成過程

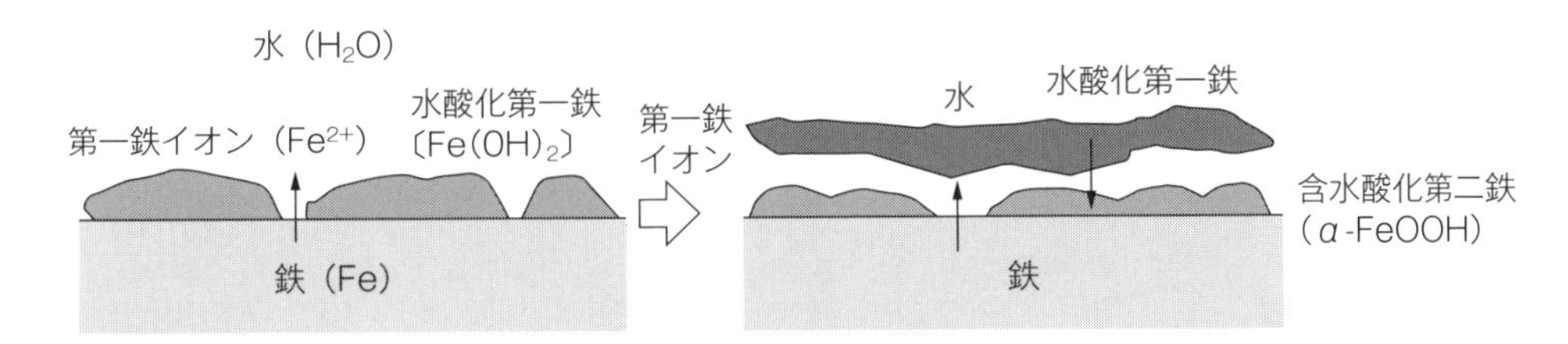

金属の錆びやすさ

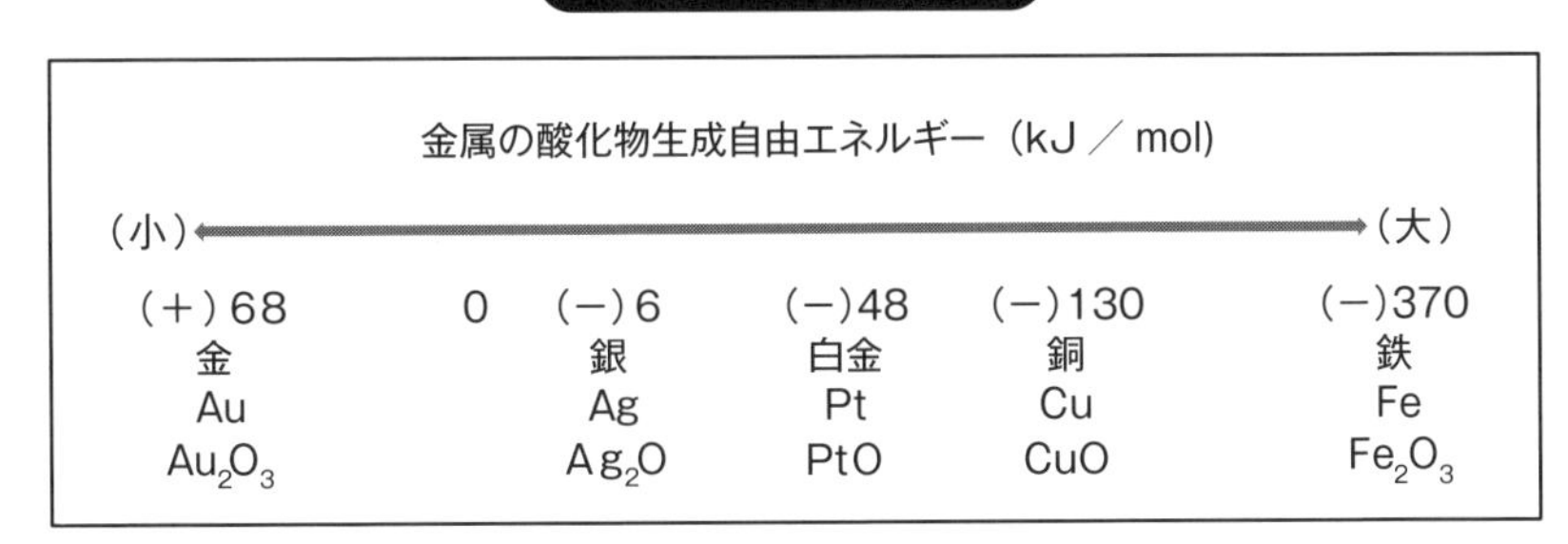

の酸素との結合エネルギー（酸化物生成自由エネルギー）で比較したものです。図が示すように金だけは他の金属とは異なり酸素との結合エネルギーが極めて小さいので、例え酸化が起きたとしても、外部からエネルギーを加えなくても自ずと分解して酸素を分離するので酸化せず、いつまでも金の輝きを保つことができるのです。

金属の種類によって錆びやすさが異なり、中でも鉄は非常に錆びやすい金属です。

ただし、水中における鉄腐食は水の水素イオン濃度や温度により変化します。

水素イオン濃度が中性の範囲では一定で進行しますが、酸性の範囲では水素イオンの拡散速度が非常に速いので進行速度が増大します。水素イオン濃度が塩基性の範囲では鉄の表面に不動態膜が生成して鉄腐食の発生が低下します。また、水温が常温から80℃までは温度上昇と共に酸素の拡散速度が増大するので鉄腐食が進行します。80℃を超えると溶存酸素濃度が低下するので鉄腐食速度が低下し、沸点では溶存酸素がゼロになるので鉄腐食の進行が停止します。

2 金属の腐食のいろいろ

金属は使用する環境により腐食して錆を生じます。腐食とは、金属が化学反応または電気化学的な反応によって浸食される現象で、水分が関与する「湿食」と、水分を伴わない「乾食」に大別されますが、湿食は水中や大気中など比較的低い温度下で金属表面に起こる一般的な金属の腐食形態です。

鉄板を水に浸漬すると、電気化学反応により腐食が進行します。この反応は、鉄板表面における酸化反応（アノード反応）と、同時に生起する還元反応（カソード反応）を伴って進行します。鉄板は第一鉄イオンとなって水中に溶出し、この第一鉄イオンは水中の水酸基イオンと反応して水酸化第一鉄を生成し、さらに溶存酸素による酸化反応により含水酸化鉄を生成して赤錆になります。この赤錆の生成過程で酸素が不足する環境では黒色酸化鉄の黒錆が生じます。

一方、同時に発生したカソード反応の水素イオンは水素ガスとして放出されるか、または溶存酸素と反応して水になります。

鉄板の腐食は、アノード反応とカソード反応が同時に起きる腐食反応により進行します。この反応は近接した場所で起きるよりも別々の場所で起きることが多いので電池を形成します。微小な局部電池が多数形成された場合には均一な全面腐食になり、鉄板の表面は赤錆の酸化鉄で覆われます。腐食の多くは、この腐食電池が形成されることにより進行します。

不均一な組成の金属表面や異種金属の接触面には異種電極電池が形成されて腐食が進行します。

電極電位が異なる金属を水などの電解溶液中で接触させると両金属間に電流が生じて電位の卑な金属が腐食します。例えば、ステンレス鋼と炭素鋼を水中で接触させると、単独の場合よりも速い速度で炭素鋼が腐食します。この現象は「ガルバニック腐食」と呼ばれる異種金属接触腐食です。

銅板は比較的貴な電位の金属ですが、これに対して炭素鋼板は卑な電位の金属に属します。この二つの金属を電解質水溶液中で接触させると、電位差が大きくガルバニック電流が生じ炭素鋼板がアノードとなって優先腐食して、単独の場合よりも腐食速度が増大して炭素鋼板表面に赤錆の含水酸化鉄を生成します。一方、電位が貴な銅板はカソードとなって単独の場合よりも腐食速度を低減してカソード防食されます。

ガルバニック腐食はアノード金属を腐食することによりカソード金属を防食して保護しているのです。ガルバニック現象は亜鉛板をアノード金属とした鋼材の防錆方法として利用されています。

異種金属の接触によって起きるガルバニック電流の現象は人々の生活の中にもあります。

歯の治療で加工した金歯と銀歯が口の中にあると唾液を通してガルバニック電流が流れます。そして電位が金歯よりも卑な銀歯が腐食されて黒色化します。歯科治療ではこの他にも電位の異なる種々の金属治療材料が使用されているので、治療した歯と歯の間にガルバニック電流が流れます。最近の医学では、このガルバニック電流の健康への影響が研究されています。

鉄板表面の局所電池

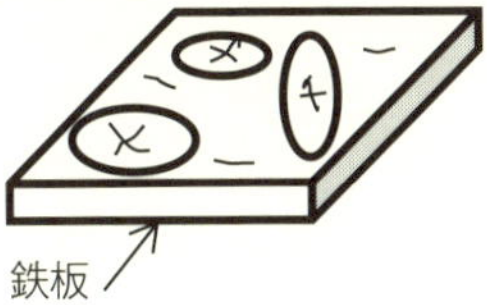

鉄板

電位差による電池

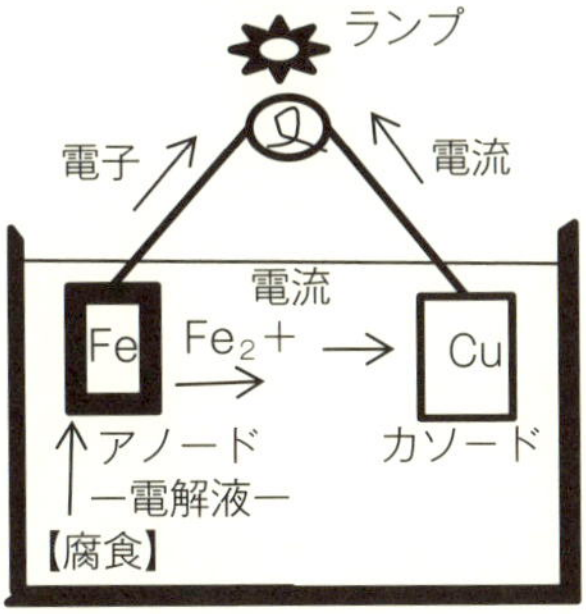

ランプ
電子
電流
電流
Fe
Fe_2＋
Cu
アノード
カソード
—電解液—
【腐食】

3 配水管の錆

鉄製品が水に濡れると、電気化学反応により腐食して錆を生じます。水道の鉄製配水管は常に水に漬っているので錆びやすい物の代表といえます。配水管の保全管理は、目に見えない配水管内部の錆の進行状況を管理することなので、事態が顕在化するまでわからない場合が多いようです。

ある日のこと、水道のコックを開けると蛇口から黄褐色に濁った水（これを「赤水」といいます）が出るので土中埋設水道管の取り換え工事をしました。掘り出された水道管の内部を見ると、凸凹した黄褐色の粘土状の物質が管壁に付着していました。この粘土状の付着物が流水に混じって黄褐色に濁った水となり蛇口から流れ出ていたのでした。

この黄褐色の粘土状付着物をすくい取ってよく見ると、色は一様ではなく、配水管の表面付近は白緑色であり、厚みが増して流水面に近くなるに従って白緑色から濃い緑色、そして黄褐色へと変化していました。この様相は、鉄製の配水管が水道水で湿食されて白緑色の錆となり、水中に溶存する酸素によって酸化されて黄褐色の錆となる錆の生成過程を示すものでした。

この錆の生成過程を電気化学反応のステップで捉えてみましょう。

最初に生成する錆は、配水管の鉄成分が水とアノード反応して溶出した第一鉄イオンと、酸素と水とのカソード反応で生成した水酸基イオンとが反応して水酸化第一鉄の白緑色に見える錆が生成します。水酸化第一鉄は六角板状を呈した白色コロイド粒子です。水酸化第一鉄は非常に酸化しやすいので、空気中に取り出すことはできません。錆の観察で白緑色になっていたのは、すでに酸化反応が一部進んでいたからです。

次に、生成した水酸化第一鉄は、水中に溶存している酸素により酸化されて黄褐色の含水酸化第二鉄の錆になります。その途中にある濃い緑色の錆は、水酸化第一鉄が酸化されていく過程で生成する中間酸化物の「グリーンラストⅡ」と呼ばれる錆で、その名の通り緑色の錆です。この緑色の錆は水酸化第一鉄と同様に非常に酸化しやすいので空気中に取り出すことはできません。

水道の蛇口から出てくる赤水の正体は、黄褐色の含水酸化第二鉄の微細な粒子でした。色の表現には慣習的なものも多くあり、赤水もその例です。

鉄製配水管の赤水は赤錆の酸化第二鉄によるものと思いがちですが、水道水中では酸化第二鉄の赤錆は生成しません。

配水鉄管内壁の腐食

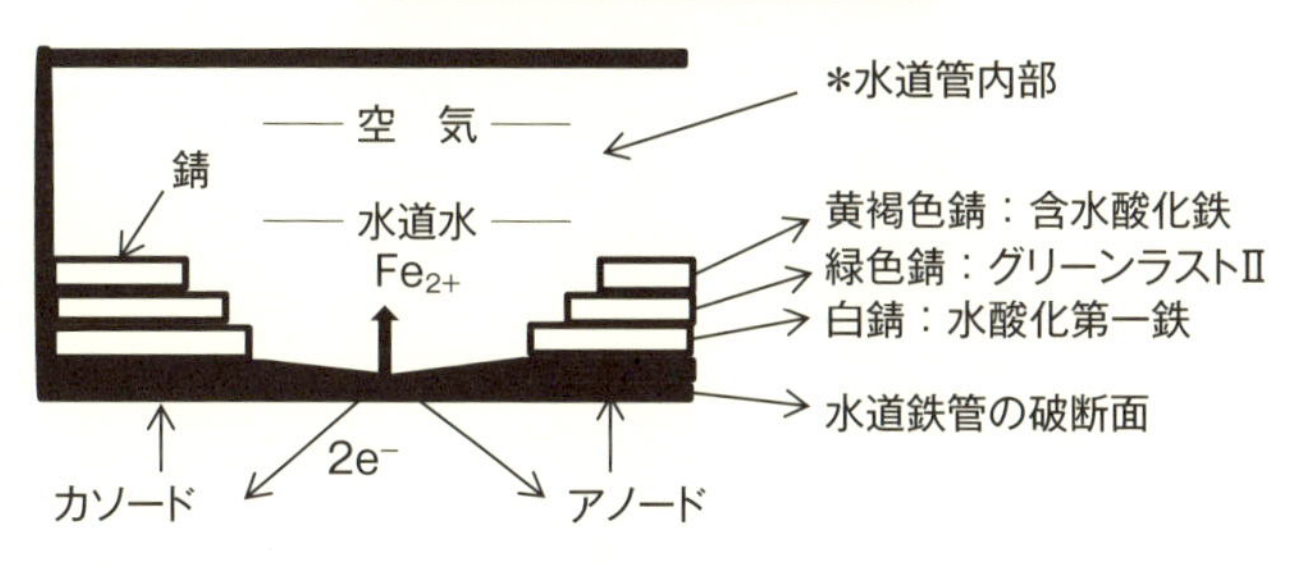

＊カソード反応：$(Fe_{2+}) + 2(OH^-) \longrightarrow Fe(OH)_2$ （白錆）

＊酸化反応：$4Fe(OH)_2 + 2O_2 \longrightarrow FeOOH$ （黄褐色錆）

4 水道水の水質と錆

水道水には、硬度、pH値、残留塩素濃度および電気伝導度などの水道水質基準があります。硬度は300mg／L以下が軟水で、これ以上が硬水です。また、pH値は5・8〜8・6、残留塩素濃度は0・1〜1・0mg／L、そして電気伝導度は100〜1000マイクロジーメンス／㎝と定められています。

この水の硬度は、水道水に溶けているミネラル成分のカルシウムとマグネシウムの量を炭酸カルシウムに換算した値で表示されています。残留塩素濃度は塩素消毒の基準で決められています。pH値は、汚染の確認や浄水用薬品の投入量、水道施設の腐食度などを判定する指標です。電気伝導度は水中に存在するイオンの量を表しており、配水管などの腐食度の判断基準です。

これらの水道水の水質は地域によって多少異なるものですが、日本における一般の水道水は硬度が60〜120でpH値はほぼ中性の軟水ですが、石灰岩地域の水は硬度が120〜180未満で、pH値が弱アルカリ性の中程度の軟水です。

水道水は塩素消毒しているので残留塩素は避けられません。塩素処理は滅菌を完璧に行うことが第一ですから、残留塩素濃度は0・1mg／L以上が規定されています。一方、味やにおいの観点から、上限を1・0mg／L以下に抑える品質管理目標値が示されています。

このように安全安心が保障された水道水は私たちの生活の要です。

しかし、その一方では、飲料水にとって必要な残留塩素も、配水管内の水を酸性化し、配水管の鉄のイオン化をいっそう促進して水中に鉄イオンを溶出するので、電気伝導度が大きくなって配水管の湿食が進みます。そして、湿食で生成した錆は、やがて赤水となって蛇口からほとばしり出るのです。

このように鉄製配水管に錆が生じることは避けられないのです。

ところで、水質により配水管に発生する錆も変化します。表は水道水の水質と生成する錆を示します。

水道水が軟水の場合は、③の「配水管の錆」で示しました。ここでは、水道水が弱アルカリ性の硬水の場合について見てみましょう。

配水管の内面壁において、最初に白色錆の水酸化第一鉄が生成した後、水中の溶存酸素で水酸化第一鉄は酸化されていくのですが、軟水の場合と異なり硬水の場合には弱アルカリ性なので酸化反応が非常に緩慢です。そのため、中間酸化物のグリーンラストⅡの緑色の錆の生成が増加します。そして、時間の経過と共に緑色の錆が酸化反応して黒錆になります。

この黒錆は四三酸化鉄で、緻密な結晶構造をしており流水を透水しないので、黒錆に覆われた配水管の内面壁は流水から隔絶されて防錆されます。これは、錆がそれ以上錆びないように錆の発生を防いで、錆が錆を制している例です。

配水管の腐食

（提供：藤井哲雄氏）

水道水の水質と生成する錆

水道水	軟水	中軟水	硬水
硬度（mg／L）	0 ～ 60	60～120	120～180
pH 値	5.8～6.8	6.8～8.1	8.1～8,6
残留塩素濃度（mg／L）	0.1～1.0	0.1～1.0	0.1～1.0
電気伝導度（μS／cm）	10～100	50 ～200	200～1000
生成する錆	黄褐色の錆 α- FeOOH	茶褐色の錆 γ- Fe00H	黒色の錆 Fe_3O_4

5 腐食を制する錆

水道水の水質によって鉄製配水管に発生する錆の種類が異なることは、④の「水道水の水質と錆」で述べました。硬水の場合に生成する黒錆の三四酸化鉄のように、水道管内壁面を緻密な層で被覆して腐食を抑制する錆の膜の効果は、金属表面をメッキや塗布膜で空気を遮断することにより錆の発生を防ぐ処理と比較すると、鉄管の腐食により生じた錆が、それ以上の鉄管腐食を抑制する錆となっている点で異なるものです。

ある日のこと、数年振りに鎌倉を訪ねた折りに大仏像を拝観しました。緑青に覆われたその姿は、少しも変わらずに鎮座していました。薄緑色のまだら模様の大仏像を仰ぎ見ながらふと、上野公園の西郷さんの立像も露天であったことを思い出しました。どちらも風雨にさらされていますが、いつも変らない姿の銅像です。これらの銅像は青銅（銅と鉛と錫の合金）を鋳造したもので、表面は風雨に曝されて生じた緑青で覆われています。

緑青とは銅の錆です。主成分は塩基性炭酸銅で、緻密な薄い膜からできています。この緑青が銅像を覆っているので、これ以上に腐食して錆が発生することを抑制しています。その結果、何年経っても銅像の姿は変わらないのです。ここにも腐食を制する錆があります。

一方、錆びやすい鋼を人工的に錆び難くしたものにステンレス鋼があります。ステンレス鋼の製品には鉄－クロム－ニッケル合金など多数の異なる組成のものがありますが、基本組成は鉄とクロムの合金で、その標準品の組成は、鉄に対してクロムが10・5％以上含有した合金です。鉄よりも融点が低いクロムを酸化して合金の表面に5㎚程度の非常に薄いクロムの含水酸

鎌倉の大仏も上野の西郷隆盛像も錆でおおわれている

耐腐食性薄膜の生成の比較

材　料	＊生成条件	生成耐食膜の特性
ステンレス鋼、クロム合金	＊処理方法 陽極酸化処理	無色透明・薄膜5nm 厚 クロムの含水酸化物 〔$CrOX(OH)_{2-X}\cdot nH_2O$〕
鉄鋼、炭素鋼	＊腐食のメカニズム アノード反応＋酸化 （陽極反応＋酸化）	黒色・微粒子5nmφ 集合体の膜 三四酸化鉄（Fe_3O_4）
亜鉛メッキ鋼板	＊処理方法 電気メッキ処理	鋼板の表面を ①密着性の良い ②連続した薄膜の ③酸化亜鉛で被覆している 亜鉛メッキ鋼板

化物を主成分とする不動態の透明な膜を形成することによりステンレス鋼の腐食を防止し、光沢を保っていることが特徴です。

「不動態皮膜」とは、金属表面の腐食を抑制する酸化物被覆膜であると定義されています。このことからすれば、ステンレス鋼の不動態の膜はステンレス鋼のクロム成分が酸化されて生成したクロムの含水酸化物なのです。換言すればステンレス鋼の乾食（酸化）により生成した錆なので、錆び難いステンレス鋼もまた、錆で鋼の腐食を抑制しているのです。このように見てくると錆には、錆が錆を呼んで金属を朽ち果たして行く錆ばかりではなく、腐食の進行を抑制する錆もあるのです。

ステンレス鋼は錆びない金属材料として現在では身近にありますが、その開発の起源は、11世紀末頃のインドで製鉄された錆びないウーツ鋼にあると言われています。西欧の学者がこのウーツ鋼の製鉄技術について永年にわたり研究してきましたが、解明することはできませんでした。そして、永い年月を経た１９１６年に、英国のブレアリーによってステンレス鋼が発明されました。この時からステンレス鋼の進化のための研究開発の歴史が始まり、今日に至っています。

第2章

天然産の鉄錆

6 鉄器の原料は天然の鉄錆

人類の歴史は道具を使うことから始まりました。石器時代から新石器時代へ移行する頃（紀元前4000年頃）になると金属の銅が使われ始めました。しかし、銅製器具は石器よりも強度が劣っていたので石器に取って代わることはありませんでした。しばらくすると、スズや鉛を混合した銅合金の青銅器が発明されました。青銅器は石器よりも硬く、石器よりも容易に加工できたので、石器時代から青銅器時代へと進化していきました。

資源として銅よりも桁違いに豊富な鉄を使用しなかったのはなぜでしょうか。それは、鉄の融点（約1500℃）が銅の融点（約1000℃）よりはるかに高い温度であったために、当時の金属精錬技術では鉄鉱石を加熱溶融して鉄を溶出することができなかったからでした。

しかし、資源の豊富な鉄を見逃すことはありませんでした。紀元前1500年頃、ヒッタイト人により、鉄が溶けない温度で製鉄する方法が発明されて鉄器時代の幕が開きました。その方法とは、塊鉄炉と呼ばれる製錬装置を用いて製鉄する製鉄法で、天然の鉄鉱石（赤錆の酸化鉄岩石）を砕いた粉と木炭粉を塊鉄炉に投入して密閉し、鉄の溶融温度より低い温度（1000～1200℃）で木炭を燃焼して加熱することにより、木炭が不完全燃焼して発生する一酸化炭素で鉄鉱石中の酸化鉄を還元して鉄を得る方法でした。

この製鉄法は、鉄鉱石中の酸化鉄が1000℃以下の加熱温度（700～800℃）で固体のまま一酸化炭素により鉄に還元されること、固体で還元して得られる鉄は炭素含有量が低いので加工しやすいこと、鉄鉱石中の不純物が1200℃以下の温度で溶融してス

最古のドーム型塊鉄炉の模式図

生成した塊鉄は炉の上部から取り出した。

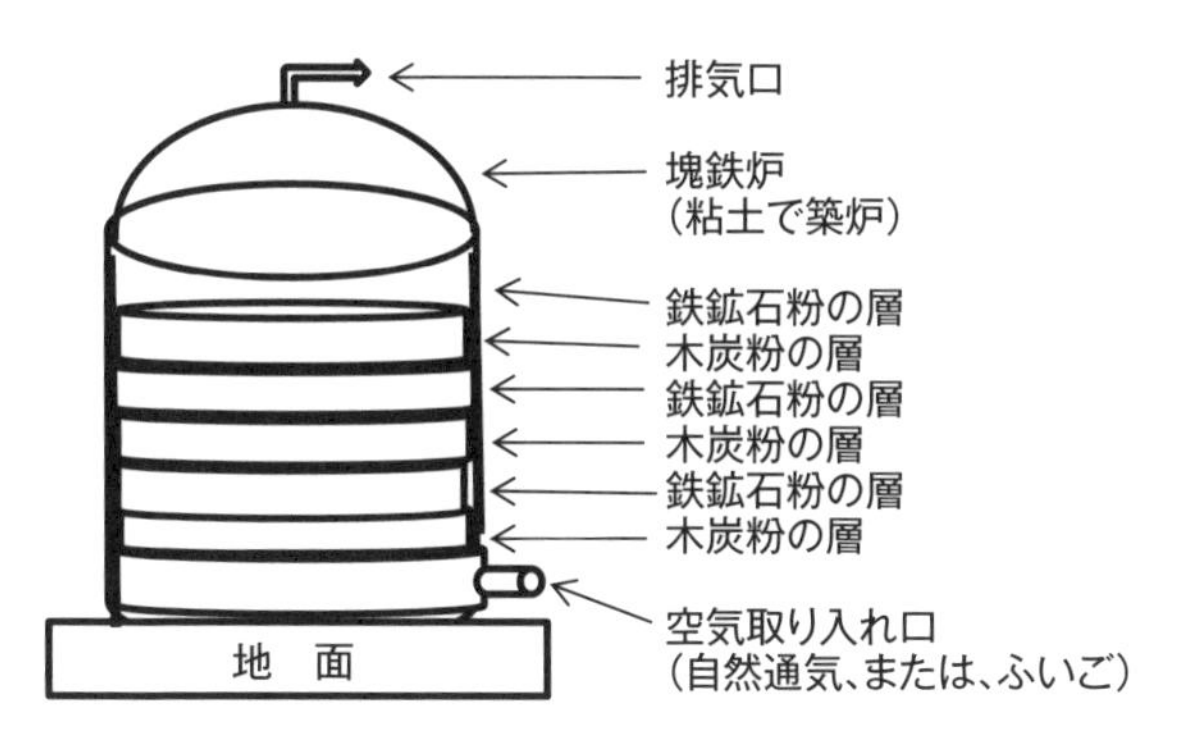

塊鉄炉の塊鉄製造工程

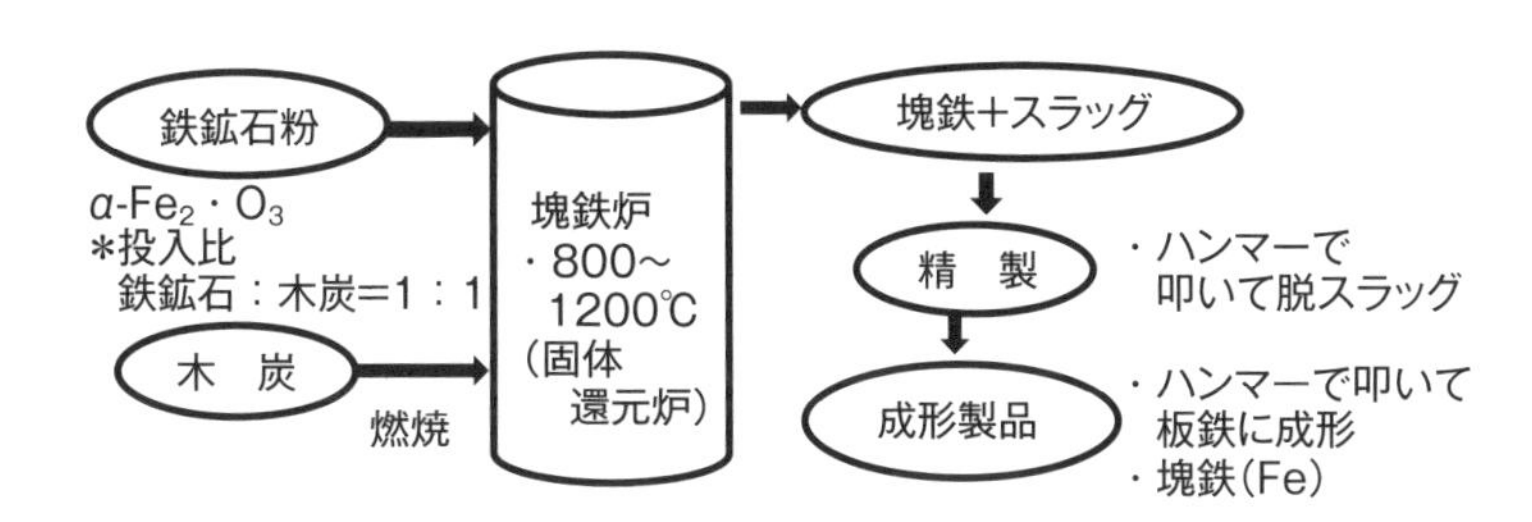

鉄の炭素含有量と硬度・展性・融点

鉄の種類	炭素含有量(wt%)	炭素量	硬度	展性	融点
錬鉄・塊鉄	0.1以下	小	軟	大	高
鋼鉄・鋼	0.1～3	↓	↓	↑	↓
鋳鉄・銑鉄	3～5	多	硬	小	低

ラッグになることを巧みに利用した方法でした。鉄鉱石を固体のまま金属鉄に還元するという発想がすでに青銅器時代に生まれていたことは驚きであり、塊鉄炉の発明は近代鉄鋼産業へとつながる快挙でした。

また、塊鉄炉で得られた鉄はスポンジ状の鉄の塊で、鉄鉱石に由来する不純物生のスラッグを混入していたので、この塊鉄を灼熱状態で炉から取り出し、まだ溶融しているスラッグをハンマーで叩いて除去した後、板状に成形して製品にしました。このハンマーで叩く処理は、鉄の塊からスラッグを叩き出して純度の高い鉄を得て、同時に鉄の結晶を高密度化するための処理です。現在の鍛造処理の先駆けで、村の鍛冶屋の風景が思い起こされます。また、得られた鉄は炭素含有量が低い錬鉄と呼ばれる鉄であったので、その当時から近代に至る長い間用いられました。フランスのエッフェル塔も錬鉄製です。そして、浸炭技術が開発され、錬鉄から鋼鉄をつくる製鉄法が発明されました。

エッフェル塔は奇抜な外観と大きさに批判が向けられ、著名な芸術家たちは「無用にして醜悪なエッフェル塔」と断じましたが、設計者のオーギュスト・エッフェルは「この時代に初めて精密に鉄を加工できるようになった。エッフェル塔は現代科学の精華であり、パリ市内にそびえ立つことがパリの栄光と無縁だというのか」と反論しました

今日のエッフェル塔は「鉄の貴婦人」です。

これらの製鉄技術は、塊鉄炉が高炉へと進化しながら現代の鉄鋼産業へと連綿として継承されてきたのでした。

さて、すでにお気づきの通り、古代の人々が鉄と最初に出会ったのは、金属鉄ではなく、錆びた鉄が堆積した鉄鉱石でした。なぜ鉄に出会わなかったのでしょう？　それは、第1章に述べたように、地球は水と酸素の惑星であるため、金属鉄が生成してもすぐに錆びて酸化鉄になるので金属鉄は存在しなかったからです。

鉄器時代の先人たちは大変な苦労の末に、この鉄鉱石に閉じ込められた鉄を取り出して鉄器を作りましたが、同時に鉄器が錆びることを知りました。それでは、天然の鉄鉱石はどのようにして生成したのでしょうか。次に、その生誕のドラマを垣間見ることにします。

錬鉄でつくられたエッフェル塔

7 鉄鉱石の誕生

鉄器の文明は紀元前1500年頃、ヒッタイト人によって誕生しました。その時から気の遠くなるような長い年月を経た現代においても、鉄製品の需要は衰えることなく連綿として文明を支えてきました。日本においても、明治時代以降の近代化は「鉄は国家なり」の掛け声の下に鉄鋼産業を興隆することから始まったのでした。しかし、鉄鉱石資源の乏しい日本は海外からの輸入に頼らなければなりませんでした。最近の鉄鋼業統計によれば、2013年度の鉄鉱石輸入量は約9000万トンです。輸入先の主な国はオーストラリア、ブラジル、インドと南アフリカなどです。

しかし、このように途方もなく長い期間、しかも大量の鉄を使い続けられたのはなぜでしょう?

製鉄用に使われる鉄鉱石は、主成分が鉱物名をヘマタイトという赤色酸化鉄でケイ素やアルミニウムなどの酸化物を含有する赤鉄鉱です。鉄鉱石については、古くから地質工学や考古学など多方面にわたる地球科学とでもいうべき領域の研究がされてきました。その結果、鉄鉱石にはヘマタイトを主成分とする赤鉄鉱の他に、表に示す種々の鉄鉱石があることが知られています。これらは全て天然の鉄錆なのです。

それでは、これら鉄鉱石はどのようにしてできたのでしょう。

地球上がまだ二酸化炭素の大気で覆われていた地球創生期に遡ります。活発な火山活動により地中のマグマと共に鉄が地上に噴出しました。堆積した鉄は、地上の環境が無酸素状態であったので錆びることはなく、鉄は雨水に溶けて海に流れ出し、海底火山の噴火で噴出した鉄も海水に溶けたので、当時の海は二価鉄イオンが大量に溶存した海水の海でした。

鉄鉱石の種類と酸化鉄と錆色

鉄鉱石の種類	成分酸化鉄の種類	（鉱物名と化学式）	錆の色
赤鉄鉱	ヘマタイト	(α-Fe_2O_3)	赤褐色
磁鉄鉱	マグネタイト	(Fe_3O_4)	黒色
砂鉄	マグネタイト	(Fe_3O_4)	黒色
針鉄鉱	ゲータイト	(α-FeOOH)	黄色
鱗鉄鉱	レピッドクロサイト	(γ- FeOOH)	褐色
褐鉄鉱	針鉄鉱と 鱗鉄鉱の集合体		黄褐色

そして、今から二十数億年前、地球上に重大な出来事が発生しました。

第一は、地球に磁場が誕生したことです。

第二は、地核のマグマ（鉄とニッケル）の対流により生起した磁場により宇宙線が磁気シールドされたことです。それまで有害な宇宙線から身を守るために多くの生物は光を避けて暗闇の海底で暮らしていましたが、この時から、光を体内に取り入れて光合成する機能をもつ生物が誕生して大量発生しました。その生物とは、シアノバクテリアという藍藻類の真正細菌で、海水中の二酸化炭素と水と光でエネルギーを生成し、廃棄物として酸素を排出する光合成機能を有するバクテリアでした。

シアノバクテリアの出現が、それまでの地球環境を大きく変えました。地球規模で大量発生したシアノバクテリアが排出する酸素によって海水中の二価鉄イオンが酸化されて含水酸化鉄となって沈殿し、海底に堆積しました。また、大気中に放出された酸素によって現在のような大気環境になりました。

堆積した含水酸化鉄は鉄鉱石となり、現在の埋蔵量

シアノバクテリア

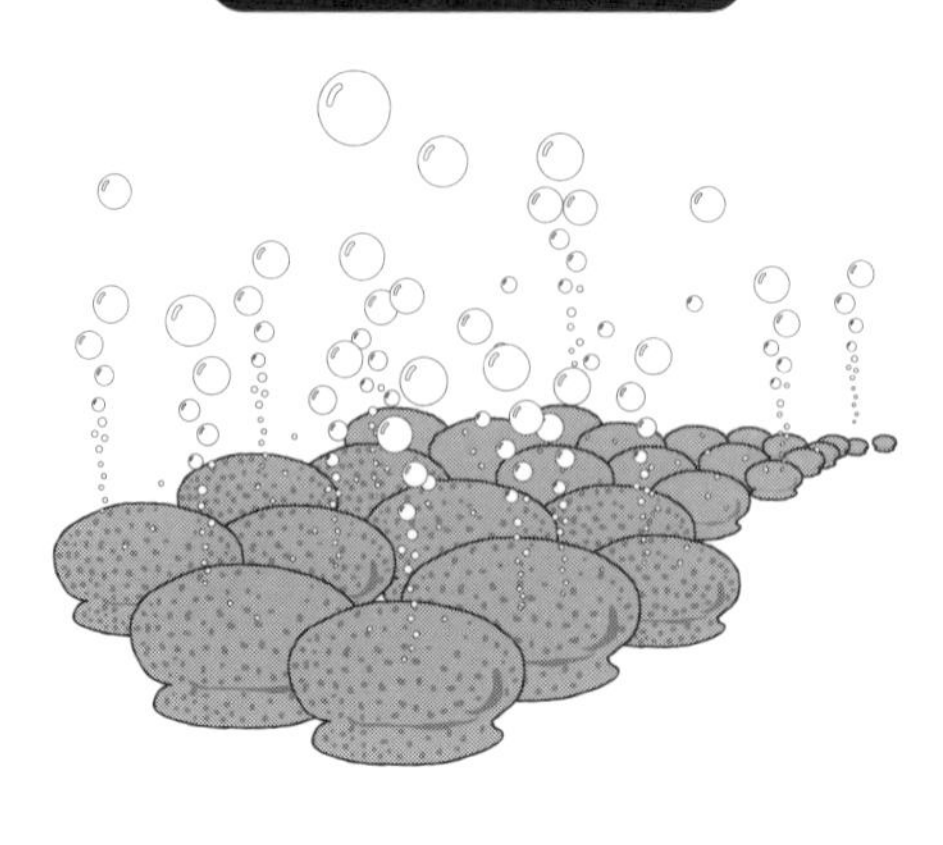

は世界推計で、高品質（鉄含有量50～60％）が約2000億トン、低品質がその5倍以上といわれています。これらの鉄鉱石は地殻変動により地上の各地（前記の産出国など）に赤い岩肌の山々を出現しました。鉄を使い続けられるのは、地球上の鉄資源が豊富であるからであり、鉄器時代に用いた鉄鉱石も現在用いているものも生成履歴は同じものです。

また、海水中に溶けた二価鉄がシアノバクテリアの放出する酸素により酸化されて含水酸化鉄沈殿を生じるのは、「鉄は水と酸素により錆びる」というメカニズムと同じであり、鉄鉱石の赤い山々は天然の鉄錆でした。

一方、地上の酸素濃度が高くなったことにより、それまでの嫌気性生物が淘汰されました。そして、有害であった酸素を取り入れて適応した新しい生物が誕生しました。人類のご先祖である真核生物もこの時誕生しました。人類の誕生と鉄錆の生成がシアノバクテリアの放出した酸素でつながっていたことは新しい発見でした。

Column

鉄錆から生まれた羅針盤

羅針盤は着磁した磁石の針が南北の方向に向く性質を利用して方位を知るための道具で、方位磁針とも呼ばれます。そのルーツは約2000年前に中国で発明された「指南魚」にありました。

磁石の針を魚の形をした木片に固定したもので、これを茶碗の水に浮かべると魚の頭が南に向くので方位がわかりました。指導者を指南と呼ぶ語源になりました。島影や星を目印に航海をしていた時代に指南魚は羅針盤となって船を導きました。この指南魚に使われた磁石の針は天然産磁鉄鉱の粉体の中から選別した小片か、または、砂鉄を選別して得られた黒錆の磁性酸化鉄マグネタイトでした。水に浮かべた指南魚は現代の方位磁針とほぼ同じ機能を発揮することが確かめられ、15世紀末から始まった大航海時代を支えた大発明であったことが偲ばれます。

しかし、実用化のためには揺れ動く船上で使用できなければなりません。水が容器からこぼれないように改良し、船が揺れても磁針が激しく動かないように工夫して、磁針の向きを正確に観察できるように改良されました。その結果、粘性の油を用いる方式や指南魚を糸で宙吊りにした羅針盤などが開発されました。これらの成果により航海術が目覚ましく進歩して、やがて大航海時代が始まり、コロンブスの新大陸発見やマゼランの世界一周航路発見などの偉業が達成され、これを機に世界貿易が発展しました。

現代の車社会においても方位を知るために数々のエレクトロニクス化した羅針盤が開発され実用されています。磁針を使う方位計もあり、磁針にはマグネタイトが用いられ、指南魚に用いられていた天然の黒錆と同質のものです。鉄錆は時代を超えて羅針盤を支えています。

8 赤い土と鉄錆

土は、岩石が風化して生じた砂や粘土と、赤鉄鉱や褐鉄鉱が風化して生じた鉄錆粉と植物の腐植が長年にわたり堆積してできたものです。土は、これらの成分組成の含有割合によりさまざまな色を呈しています。腐植の含有量が多くて鉄錆成分が少ない組成の土は黒く、腐植の含有量が少なくて鉄錆成分が多い組成の土は赤く、または黄色くなる傾向があります。また、粘土成分は灰色で、砂の成分は白色です。

鉄錆を含む赤い土や黄色い土はどのようにして生成したのでしょうか。

赤い土は、赤鉄鉱が風化して雨水に流された粒子が地面の窪みや川岸などに集積し、粘土物質の粒子や腐植と混じり合って鉄錆へマタイトの堆積土壌となったものです。この他にも赤い土は種々の条件により生成しています。

山の崖などによく見られる帯状の赤い土の層は、鉄鉱石が風化してできた赤鉄鉱の粉状粒子が風や雨に流されて来て堆積してできたものです。また、鉄鉱石採掘場近くの土地は、鉄鉱石を採掘する時に粉化した赤鉄鉱が風に飛ばされて周辺の土に混じったため赤くなります。

また、石灰石の産地でも、石灰石が不純物として含有している鉄により赤色土壌が堆積しました。

一方、人工的にも赤い土が作られました。その方法は、褐鉄鉱からなる黄色い土を焚火などで加熱して、褐鉄鉱の含水酸化鉄を脱水する方法です。この赤い土は「丹土ベンガラ」（人工赤土顔料）、また、赤鉄鉱の風化により生成したものは「赤土ベンガラ」（天然赤土顔料）と呼ばれています。

土の成分組成と色の傾向

土の成分	腐　植	鉄錆の組成		粘土と砂の組成		土の色の傾向
		ヘマタイト	ゲータイト	アルミナ	シリカ	
含有割合	多　い	少ない	少ない	多　い	多　い	黒　い
	少ない	多　い	少ない	多　い	多　い	赤　い
	少ない	少ない	多い	多　い	多　い	黄色い
	少ない	少ない	少ない	多　い	少ない	灰　色
	少ない	少ない	少ない	少ない	多　い	白　い

＊ヘマタイト：α-Fe_2O_3
＊ゲータイト：α-FeOOH
＊アルミナ：Al_2O_3
＊シリカ：SiO_2

含水酸化鉄の脱水反応

$$2FeOOH = Fe_2O_3 \cdot H_2O \longrightarrow \alpha\text{-}Fe_2O_3$$

（含水酸化鉄）　　（赤色酸化鉄）

土の色と主な組成鉱物と特徴

土の呼び名	主な鉱物と組成	土の色と特徴
赤　土	ヘマタイト（α-Fe_2O_3）	鉄鉱石が風化して堆積した赤土。
赤土ベンガラ	同上	赤土を粉砕した赤土顔料。
丹土ベンガラ	同上	黄土を焼いて赤土とした後に粉砕した赤土顔料。
テラロッサ（イタリア）	同上	石灰岩から石灰質が溶出した後、残存鉄分が酸化して堆積した赤土。
黄土・オークル（フランス）	ゲータイト（α-FeOOH）	黄色い土。赤味の強い黄土。
黄　土	リモナイト〔FeO(OH)・nH_2O〕	赤味の黄土。ゲータイトとレピッドクロサイトの集合体。（α-FeOOH＋γ-FeOOH）
レス（ドイツ），黄土（中国）	SiO_2>α-FeOOH	黄砂の発生源。黄色のゲータイト含量は僅少で薄い黄色の砂。
黒　土	鉄などの鉱物含有量は僅少。	黒ボク土。火山灰土と腐植の肥沃な黒色土。
チェルノーゼム（ロシア）	同上	黒色土。肥沃な黒色土。シベリアなど海外に多い。日本の黒ボク土とは異なる黒土。

9 黄色い土と鉄錆

黄色い土は褐鉄鉱の風化により生成したものですが、その褐鉄鉱はどのようにして生成したのでしょうか。

火山のカルデラ大地には黄色い堆積土壌がありました。その昔、火山の大噴火によりマグマ溜りが陥没して大きな窪みができ、そこに雨水が溜まって火山湖ができました。火山湖には火山灰やマグマと共に噴出した鉄などの金属が蓄積しました。長い時間が経過して火山湖が干上がると、外輪山に囲まれたカルデラ大地が生まれました。やがて、アルカリ金属や鉄などの金属が溶解しているミネラル水が湧き出てきました。そして、湧水に生息していた鉄バクテリアの生物活動により、水中の二価鉄イオンが三価の鉄イオンになり、水中に溶存していた鉄は水酸化鉄となって沈殿して堆積しました。このように鉄の二価を三価に酸化して生活エネルギーを得ているバクテリアを「鉄バクテリア」といい、種類も多くいます。

このような鉄バクテリアの太古から現在に続く長年の生物活動により、湧水に溶存していた鉄が水酸化鉄沈殿として堆積して膨大な量の黄色い堆積土壌になったのです。その後の調査でこの堆積物は褐鉄鉱であることがわかりました。

熊本県の阿蘇山のカルデラに産出する黄色い土は、「阿蘇の黄土」と呼ばれ、鉄含有量が多い（70％）ことでよく知られています。阿蘇の黄土は弥生時代に使用されていたことが古墳から判明しています。また、古文書には、出土品の中に、黄土を焚火で炙って赤土にした「丹土ベンガラ」が大量に発見されたと記されています。このことは、この「丹土ベンガラ」は日本最古の「人工赤土顔料」であることを示すものでした。

一方、世界にはさらに古い時代の洞窟遺跡がたくさんあります。中でもフランスのラスコー洞窟には、1万5000年前の旧石器時代後期に、現代人のご先祖と言われているクロマニヨン人によって描かれた現存する人類最古の壁画が多数あります。フランスのベルゴーニュ地方には、ラスコー以外に200に及ぶ多数の洞窟遺跡群があり世界遺産に登録されています。

これらの装飾洞窟の岩絵が酸化鉄の赤土顔料を用いた絵具で描かれていたことが化学分析により判明しています。この地方が現在も黄土丘陵地帯であることから、当時の人はこの天然の黄土を採取して焚火で炙って「人工赤土顔料」を作り、赤土顔料粒子を動物などの油に分散して絵具を調合し、その絵具を用いて岩壁に絵を描いていたことが想像できます。そして、現代にもつながる分散・塗料化技術が気の遠くなるほど遠い昔にすでにあったのでした。これは驚きです。

このような太古の昔に描かれた壁画が、21世紀の今日まで保存されてきたのは、絵具に用いた赤土顔料の酸化鉄に具わった優れた化学的安定性によるものと考えられます。また、このようにたくさんの洞窟があったことは、多くの人々がこの土地で生活をしていたことを思わせ、この黄色い鉄錆の土地が狩猟や農耕に適していたことが想像できます。天然の鉄錆が古代の人々の生活に貢献していたことを示唆するものです。

10 黒い土と鉄錆

黒い土は世界各地にありますが、中でもシベリア南部のチェルノーゼムは小麦の栽培地として知られている肥沃な黒い農地です。日本にも黒ボク土と呼ばれる火山灰土と腐植で構成された黒い農地が各地にありますが、チェルノーゼムとは土質が異なるものです。これらの黒土はいずれも腐植などの有機物をたくさん含有しており、土地の表層が腐植で覆われているので黒い色を呈している土ですから、赤い土や黄色い土の色が鉄錆の色によるものであるのとは異なる土です。

鉄錆の黒い土としては砂鉄があります。砂鉄は磁鉄鉱が風化した砂です。磁鉄鉱は、鉄鉱石が誕生したのと同時代に誕生しました。海水中の二価鉄イオンが水酸化鉄になって海底に沈殿した時、一番底の方に堆積した水酸化鉄が低酸素雰囲気の環境で磁性酸化鉄の磁鉄鉱になりました。一方、花崗岩や石灰岩の生成時に、これら岩石の結晶の隙間に入り込んだ水酸化鉄がありました。そして、それら岩石の結晶の間で、層状になった磁性酸化鉄粒子が生成しました。その後、地核変動により地上に隆起した岩石が風化すると、岩石から砂鉄が誕生しました。

これは二十数億年前の出来事でした。磁鉄鉱を含有する岩石が風化して生成した砂鉄は、磁石に吸着する黒錆です。風化して生成した砂鉄は河川などにより場所を移動したので、場所により山砂鉄、川砂鉄、浜砂鉄などと呼ばれています。

山砂鉄が山に埋蔵されている時は、周辺の土は黒い土ですが、砂鉄は文字通り砂状ですから粒子の大きさが土の粘土粒子よりも大きく比重も大きいので土とはなじみにくいものでした。ところが、この特徴を利用して山砂鉄を採集していました。

鉄錆の母なる鉄鉱物

鉄錆	鉱物名（化学成分）	成分の物理特性		
		Fe 含量（wt.%）	比重（gr／ml）	磁性（有無）
赤錆	赤鉄鉱 ヘマタイト （α- Fe_2O_3）	･70.0	5.3	なし
	磁赤鉄鉱 マグネタイト（γ- Fe_2O_3）	･70.0	5.3	あり
黒錆	磁鉄鉱（砂鉄） マグネタイト （Fe_3O_4）	･72.4	5.2	あり
黄錆	針鉄鉱 ゲータイト （α- FeOOH）	･62.9	4.3	なし
	赤金鉱 アカガネナイト （β-FeOOH）	･62.9	4.3	なし
	鱗鉄鉱 レピッドクロサイト（γ- FeOOH）	･62.9	4.3	なし
	褐鉄鉱 リモナイト （FeOOH・nH_2O）	針鉄鉱と鱗鉄鉱の集合体		

その方法は、砂鉄を埋蔵している土を掘り出して、その土を谷川に落として川に流すと自然の水流により、粒子が小さく比重の軽い土の成分は水流に流されやすく、大きな粒子で比重の重い砂鉄は川底に沈むので、自然に分離されるので、これを川底から回収する「鉄穴（かんな）流し」という方法です。また、砂鉄は磁石に吸い付く黒錆ですから、この特性を利用して川砂鉄や浜砂鉄を砂から採集する方法として磁気で分離する回収方法もありました。

このように砂鉄は地球上どこにでもある砂や土と一緒にある黒い土です。

Column

たたら製鉄の原料も鉄錆

たたら吹き製鉄は八岐大蛇（やまたのおろち）伝説の故郷である奥出雲の島根県仁多郡横田町が発祥地です。たたら製鉄は砂鉄と木炭と土の炉によるたたら（ふいご）吹きの技法で、玉鋼を製鉄する古来より伝わる伝統製鉄法です。得られた玉鋼は鉄の純度が高く、日本刀の製作に欠かせないものとして全国の刀師たちに重宝されました。ここ横田で製作した日本刀は八岐大蛇伝説につながるのではと空想が膨らみます。

たたら吹き製鉄で使われたのは、中国山地の真砂土（風化花崗岩）に含まれるわずかな砂鉄を鉄穴（かんな）流しという方法で採取した砂鉄でした。鉄の純度は55%でした。

砂鉄は全国各地で山砂鉄や川砂鉄や海砂鉄などが産出しましたが、製鉄原料には適不適がありました。岩手県の北上山地は非常に純度が高く良質な砂鉄が豊富に産出したので、明治維新前までは各藩の藩主が豊富な砂鉄を原料にした鉄製品を製造するために奥出雲からたたら製鉄技術師を、また京都から鋳物技術師を呼ぶなどして製鉄技術の導入に力を入れていました。その成果は南部鉄器などに現れています。奥出雲が八岐大蛇の日本刀であるのに対して、岩手の鉄製品は生活文化用品でした。

砂鉄にも特徴がありました。北上山地を流れる北上川には、山から落ちた磁鉄鉱の欠けらが川を流れ下る内に周辺が削れて餅のように丸くなった大きな「餅鉄」をかき集めて原料にしました。餅鉄は直径が10cm以上の大きさで、鉄の純度が70%あり低温で溶解するので簡便な製鉄法で錬鉄が製造できたことも鋳物製品の製造に適していました。鉄錆の磁鉄鉱にも砂鉄にも産出地による特徴がありました。

第3章

伝統産業に使われた鉄錆

11 天平文化の香りを伝える鉄錆

「青丹よし奈良の都は咲く花のにおうがごとくいま盛りなり」

これは、よく知られている万葉集の中の一首で、大宰府に都落ちした官僚が奈良の都の花々が今を盛りと咲き誇っているところを偲んで詠んだ歌です。

１３００年前の平城京の様子を色彩で表現していると ころに注目すると、「青」は宮殿などの青瓦を、また、「丹」は宮殿の柱の朱色を表しており、朱雀門のような二層式で重厚な構えで朱に染めて栄華を誇った平城京の華やかな建物と、その近くには桜花が咲き乱れている様子を彷彿させます。

朱雀門は平城宮の正門で、都の入り口に位置する羅城門から北へつづく朱雀大路の宮城に南面する位置にありました。朱雀門は、宮城を守衛するだけでなく新年の行事や外国使節の送迎行事を行う場所でしたので権威と勇壮さを誇示して建立されました。

この時代に用いられた青色や赤色の顔料とは何でしょう。

「青丹」とは「青い土」のことで、孔雀石（マラカイト）の粉末で「マウンテングリーン」と呼ばれ、成分は銅錆の緑青の主成分と同じ岩緑青顔料です。この他にもエメラルドグリーンがあります。また、コバルト系の顔料には、亜鉛とコバルト、チタンとコバルト、コバルトとクロムとアルミニウムの各酸化物固溶体があり、また、クロム系顔料としては、酸化クロムや含水酸化クロムなどがあります。しかし、赤い色はどこに詠まれているのでしょう。

そこで「青丹」を「青」と「丹」に分けて読むと赤い色が見えてきました。「丹」とは「赤い土」を表す言葉です。この赤い土には赤褐色の鉄錆の弁柄の赤と、

復元された平城宮の朱雀門

往時の奈良地方に産出した「辰砂」（硫化水銀）の赤があり、これを用いて柱などを朱色に染めたのでした。

辰砂は、辰砂含有鉱石を粉砕し、粉末を水に分散して比重差分離で比重の重い水銀化合物の辰砂を分離して回収する方法で採取されました。辰砂含有鉱石は日本の各地に産出しましたが、特に紀伊半島には辰砂含有鉱石の大きな鉱脈が通っていたので大量に産出しました。奈良地方は多数の古墳遺跡が発掘され、朱を使った遺物がたくさん出土しました。奈良県明日香村のキトラ古墳は全面に朱が塗られた木棺が発掘されたことで有名です。これらのことから、辰砂が産出する地域やその隣接地域と大寺院の建立や政治の中心地が深く関わっていたことが見えてきました。

朱は古代より宗教上の神聖で高貴な色を示す赤として天平文化へと受け継がれました。

朱色顔料にはこの他にも銀化合物の銀朱があります。また、丹系の顔料には弁柄やマルスレッドがあり、鉛丹系の顔料には鉛酸化物の光明丹があります。

このように青や朱で彩られた色彩豊かな天平文化の伝統は後世の神社仏閣の建築物に連綿として受け継が

緑色無機顔料の例

種　類	鉱物名	主成分	特　徴
緑土	・海緑石と灰緑石の混合物	・水酸化鉄、水酸化マグネシウムケイ酸アルミニウム、カリウム	・二価の鉄が発色の原因 ・透明性大
銅系	・孔雀石、マラカイト岩緑青、マウンテングリーン（古名：青丹） ・エメラルドグリーン	・塩基性炭酸銅 ・アセト亜ヒ酸銅	・透明なグリーン ・透明 ・硫黄で黒変する。 ・毒性、殺虫剤
コバルト系	・亜鉛緑・コバルト緑 ・チタン・コバルト緑 ・コバルト・クロム緑	・亜鉛とコバルトの酸化物固溶体 ・チタンとコバルトの酸化物固溶体 ・コバルトとクロムとアルミニウムの酸化物固溶体	・耐光性、高温特性が良い。 ・透明
クロム系	・酸化クロム緑 ・ピリジアン	・酸化クロム ・含水酸化クロム	・最も安定した緑色顔料 ・不透明で硬度が高い。 ・含水率約40%は、エメラルドグリーンを呈する。 ・ギネーの緑は鮮明な青味の緑を呈し、耐光性の高い顔料である。

赤色無機顔料の例

種　類	鉱物名	主成分	特　徴
朱	・辰砂、朱砂、辰朱、丹朱 ・銀朱は合成物	・硫化第二水銀（硫化水銀）HgS	・壮美な赤の発色性 ・朱漆に最適 ・硫黄で変色する。
丹	・鉄鉱石、弁柄赭土、焼成土 ・マルスレッド	・三酸化二鉄 Fe_2O_3	・耐光性に優れ、安価である。 ・レッドオーカーは黄土の焼成物
鉛　丹	・光明丹	・四酸化三鉛 Pb_3O_4	・朱と同等の高彩度 ・硫黄と反応して黒変する。 ・鉄の錆止め剤

六角堂（茨城県北茨城市）

れてきました。京都は神社仏閣が多い歴史の町で、その建造物に「青丹」の天平文化が色濃く受け継がれています。

そして20世紀初頭、天平文化を象徴する建物が誕生しました。

岡倉天心は晩年、茨城県北茨城市の五浦（いづら）を理想郷と定めて居を構え、太平洋に突き出た岩の上に六角堂を建立しました。

六角堂は、六角形の屋根の頂上に如意宝珠を配して、六面を板壁と雨戸で囲い、六面すべての板を弁柄で赤く染め、室内は床の間と中央には炉を備えた茶室でした。弁柄の赤い板壁に包まれた六角堂は、目前に迫る太平洋の荒波が岩に砕け散り、その波間に広がる青い空に包まれていました。

日本画壇の激動期を一身に背負って立つ、偉大な芸術家の心には鮮やかな「青丹」の風景が描かれていたことでしょう。そして今もその風景が五浦海岸にあります。

12 弁柄格子に使われる鉄錆

京都には町屋という店舗と住居が一緒になった伝統的な家屋があります。

町屋の代表的な家の構造は、道路に面した部屋を店舗として構え、玄関の引き戸を開けて中に入ると広い土間があり、その奥は人の足元に届くほど長い暖簾で仕切られた住居です。この長い暖簾は「お粥かくしの長のれん」といわれ、京都の人々のつましい生活振りをよく表しています。暖簾を分けて通り抜けると、そこは炊事場で天井が吹き抜けになっていて、天窓から明かりがさし込む省エネ構造になっています。土間はさらに奥の裏庭へと続いています。この細長い空間は親しみを込めて「うなぎの寝床」に例えられていますが、裏庭にある倉庫から商品の出し入りが多い商家にとっては合理的な生活空間となっています。

店舗の窓には町屋格子が取り付けられており、格子を支える骨組みの形で店の職業を表しています。呉服屋格子や米屋格子など職業ごとに決められた格子があります。木製の格子には、水に溶いた膠に赤錆の弁柄（酸化鉄顔料）粉を混合して調製した赤色の水性塗料を塗布します。膠はコラーゲンを含むタンパク質のゼラチンで、古くから使われている天然のバインダーです。

この赤い格子戸が弁柄格子です。格子戸に弁柄を塗布するのは、酸化鉄粒子と膠とから成る塗膜の腐敗菌発生抑止作用と、木目に浸透した酸化鉄粒子の木材腐食防止作用を利用するためでしたが、いつしか京町屋の家並みを赤く彩る弁柄格子になりました。

町屋格子の色は、用いた弁柄の色相により赤褐色から茶褐色までいろいろありますが、艶のある色は菜種油をつけた綿布で磨いて出した色です。

京都の弁柄格子の町屋

弁柄が木材の劣化防止に有効であることが認知されるようになると木造家屋の柱や鴨居など内装材にも弁柄が塗装されるようになり、さらに特殊な例として、黒い弁柄格子が誕生しました。大きな旅館や料亭などの建物で、外壁を赤く染め、格子戸を黒く染めるデザインの屋敷を見かけるようになりました。この赤壁には赤色弁柄顔料の塗料が用いられました。格子戸を黒く染める方法は、炭の粉を水に溶いた膠に混ぜて塗布する方法や、黒色酸化鉄粉を墨汁に溶いた黒色液を塗布する方法があります。後者の方法は粉塵が立たないので作業性が良く、墨汁の炭素と酸化鉄粒子の相互作用により艶のある黒色塗膜になるので仕上がりも良好です。

弁柄格子も全国各地に広まっていき、赤錆の弁柄は伝統産業を支える重要な赤色顔料となりました。弁柄は各地方に産出した赤土を精製して製造した赤色顔料が用いられましたが、生産量が少なかったので大陸からの輸入品に頼っていました。

京町屋の弁柄格子の伝統は今も木材建築産業に受け継がれています。

13 赤漆に使われる鉄錆

漆器に用いる漆には、ウルシの木から採取した生漆を精製処理した透明な飴色の「透漆」と、精製途中で鉄粉を添加して反応により漆成分のウルシオールを鉄塩にして漆を黒色化した「黒漆」と、透漆に着色顔料を加えた「色漆」などがあります。

色漆には、添加する着色顔料により、朱色、洗朱（オレンジ色）、黄色、緑色などがありますが、朱色には赤錆の赤色酸化鉄顔料と硫化第二水銀の水銀朱が用いられました。水銀朱は鮮やかな赤色となるので重宝されましたが、重金属の水銀を含んでいることから一般には使用されなくなりましたので、現在では赤漆には鉄錆の酸化鉄顔料が用いられています。

黒漆は、漆を精製加工する途中で鉄粉を添加して漆自身を黒色化したもので、漆黒の黒として伝統的に用いられていますが、近年になると透漆に炭の粉末や黒錆の酸化鉄粉を加えて黒く着色した黒漆が汎用されるようになりました。

漆器の特徴としては、素材を着色して加飾することに加えて、素地を堅牢にして耐久性を高める効果があります。着色した黒漆が誕生したのには黒漆の堅牢性や耐久性を向上するためであったようです。

漆はウルシオール油と水が混合分散した油中水滴型エマジョンなので、漆を木や竹などの素材に塗布した塗膜を乾燥すると、エマルジョン中の酸化酵素のラッカーゼが水滴に含まれている酸素を取り込んでウルシオールを酸化重合して高分子化し硬い膜になります。

このように漆は乾燥時に重合して固化するので、通常の水分を蒸発させる乾燥とは異なり、空気中から水分を取り込んで硬化しながら乾燥します。そのため、堅牢で耐久性に優れた漆器を得るためには、酸化酵素の活性を失活させないように湿度を制御しながら乾燥する必要があります。

漆器は永い歴史のある伝統技術として若狭塗りや輪島塗り漆器に受け継がれてきました。その歴史ははるか昔の縄文時代に遡ります。縄文時代の遺跡からは漆塗りした土偶などが多数出土しています。これらの出土品は赤茶けた錆色をしており、赤土の鉄錆を着色顔料とし、天然の漆を接着剤として土偶装飾していたことが偲ばれます。赤い色には宗教的な意味が込められているといわれています。

ウルシの木

輪島塗りの漆器

14 赤絵磁器に使われる鉄錆

酒井田柿右衛門は赤絵磁器の発明者として有名です。その色絵磁器には、乳白色の素地の広い空間の中に鮮やかな赤絵が描かれています。この赤絵に用いられている赤色顔料は鉄錆の赤色酸化鉄です。

柿右衛門はどのようにして赤絵磁器を生み出したのでしょう。それは有田焼の歴史の中にありました。

佐賀県有田町は17世紀初頭に、地元の泉山から採れる陶石を原料にして日本で初めて磁器を焼いた有田焼の街としてよく知られています。窯元も多くあり、製造時期や製造様式により初期伊万里や金欄手、古九谷様式や柿右衛門様式などに大別されています。

初期伊万里焼は中国の景徳鎮の作風に影響を受けて、陶石粉を用いた成形品の白い生地に呉須（主成分が酸化コバルト顔料）で模様を描き、釉薬を掛けて乾燥した後、焼成する工程で磁器を製造しました。製品は景徳鎮のように白地に藍色一色の模様が描かれた磁器です。

古九谷様式は、成形品の白い生地を素焼きした後に、青・黄・緑を基調色に上絵付けし、釉薬を掛けて、乾燥した後に焼成する工程で色絵磁器を製造します。製品は磁器の全面に基調色で文様が描かれた磁器です。

柿右衛門様式は、乳白色の濁手（にごしで）を成形して、素焼きした後に釉薬を掛け、乾燥した後、本焼成し、焼成した白素地に赤色を基調色に上絵付けをした後、「赤絵窯」で焼成する工程で赤絵磁器を製造します。

濁手とは、この地方の方言で米のとぎ汁の乳白色の色です。柿右衛門が、色絵が一番映える地肌の素地として創出しました。濁手は柿右衛門様式の基本です。

柿右衛門は釉薬を掛けた成形素地を１３００℃以上の温度で45時間焼成し、得られた白素地に赤絵付けをして、さらに「赤絵窯」と呼ばれる炉で800℃で、約10時間の仕上げ焼成をして、あの鮮やかな赤絵磁器を作製しました。

しかし、同じ酸化鉄顔料を使って「赤絵窯」で焼成しても同じ色相の赤を再現することが困難でした。

この問題は、焼成の温度や時間を変えると色相が変化することを確認して解明されました。

釉薬を掛けた成形品を本焼成すると、成形品の表面はガラス質の皮膜で覆われます。その表面に鉄錆の酸化鉄顔料で絵付けをして「赤絵窯」で焼成すると、酸

伊万里柿右衛門様式「色絵花鳥文大深鉢」

東京国立博物館蔵
(Image：TNM Image Archives)

陶磁器の主な原料と特性

粘土鉱物	種　類	特　徴
粘　土	カオリン	焼き上がりが白色。耐火度が高い。
	木節粘土	耐火度が高い。可塑性が大きい。
	蛙目粘土	可塑性は木節粘土より大きい。焼成後の色が白い。
陶　石	泉山陶石	佐賀県産。粉砕して陶磁器原料とする。
	天草陶石	熊本県産。粉砕して陶磁器の原料とする。石英とセリサイトが主成分。カオリン鉱物と長石を少量含む。
長　石	カリ長石	溶融して高粘度のガラス質になる。素地に用いる。釉薬の原料である。
珪　石	石　英	非可塑性材料。素地に使う。ガラス質の釉の原料である。

化鉄顔料の粒子はガラスの液相に溶け込んで発色しますが、この時、加熱温度や時間により酸化鉄粒子が成長して大きな粒子になること、色相が変化することがわかりました。酸化鉄は同じでも粒子の大きさにより赤い色相が変化することが判明したのです。

「赤絵窯」は酸化鉄粒子の大きさをコントロールして赤絵磁器の鮮やかな赤を再現するための最も重要な処理工程でした。

磁器の製造工程は、生地の練り込み工程から製品の焼成工程までに工程は10工程以上あります。このことは1人で磁器製品を作ることは不可能であることを示しています。初代柿右衛門が発明した赤絵磁器の手法は、各工程の職人の優れた技のお蔭で完成したものですが、柿右衛門の卓越した科学的発想と経営能力で職人の能力を結集したからこそ柿右衛門様式が完成したのでした。

柿右衛門様式の製品は今日まで４００年にわたる伝統の中で第15代柿右衛門に継続した稀有な伝統産業です。

柿右衛門様式赤絵磁器の製造の主要工程

工　程	作業内容
濁手調製	陶石を粉砕。 水簸で不純物を除去。水分散スラリーとする。 濁手で色に調製する。
混　練	スラリーを濃縮し、土こねする。
成　形	ろくろ成形する。 型打ち成形する。
削　り	型を整える。
水拭き	表面の付着水を布で拭き取る。
素焼き	900℃で 10 時間焼く。
施　釉	釉薬を掛ける。
乾　燥	自然乾燥する。
本焼成	1300℃で 45 時間焼成する。 ・炙り炊き 20 時間 ・攻め炊き 15 時間 ・あげ火 10 時間
上絵付け	基本五色で絵付けする。 赤、ヨモギ（緑）、群青、キビ（黄）、紫。
仕上げ焼成	赤絵窯で、800℃10 時間加熱する。
製　品	赤絵磁器

Column

お歯黒は予防歯科だった

お歯黒とは白い歯を黒く染めた歯のことです。白い歯を染める材料は、古来より五倍子（付子）の粉末と鉄漿水（かねみず）です。五倍子とはウルシ科の白膠木（ぬるで）の枝葉や茎などに生じる虫の巣のことで、タンニン酸を含有しています。鉄漿水とは、古釘や鉄片を茶の汁や酢の水溶液に数日間浸漬して生成した酢酸第一鉄を主成分とする鉄塩水溶液です。

お歯黒は、この二つの材料を白い歯に筆や楊枝で交互に塗り重ねることにより仕上がります。

お歯黒の風習の意味には諸説ありますが、平安時代の貴族社会では、男子は身分が高いことを示すために、女子は歯の存在を消して口元を小さく見せる化粧のためにお歯黒をしました。

しかしながら、これら以外にも目的がありました。最近の歯科医学会の調査により「お歯黒をしていた人には虫歯がなく歯槽膿漏もない」ことが判明したのです。昔の人々は化粧をしながら健康を考えて虫歯予防のためにお歯黒をしていたのでした。お歯黒の黒はタンニン酸鉄の錯体重合反応で生じた黒色酸化鉄微粒子の鉄黒の色です。

15 南部鉄器に使われた黒錆

岩手県の名産品に南部鉄器とよばれる黒色の鉄瓶や鍋などの鉄製品があります。南部鉄器の歴史は古く、平安後期に奥州藤原氏が京の都から鋳物師を招いて茶の湯釜を造ったのが始まりとされています。それでは、原料の鉄はどのようにして調達したのでしょう。

岩手県は民謡で「田舎なれども南部の国は、西も東も金の山」と唄われているように、岩手県の背骨のような北上山地は磁鉄鉱の鉱物資源帯でした。山には磁鉄鉱の砂鉄層があり、また、山から流れ出る川には磁鉄鉱の塊が川に落ちて流れるうちに角が削られて餅のように丸くなった「餅鉄」と呼ばれる円礫磁鉄鉱があり、これをかき集めることで採取できました。そして、三陸海岸の長い浜辺には砂鉄が堆積した砂鉄浜が点在しているなど、磁鉄鉱が豊富に産出した地域でした。

北上山地の磁鉄鉱は真砂砂鉄で鉄の純度が高く、特に「餅鉄」は60～70%の鉄分を含有して有害成分の硫黄やリンの不純物が少ないという特徴がありましたので、餅鉄は火床で還元する直接製鋼法で鋼を製造しました。砂鉄をたたら製鉄法で鋼にしたものを「餅鉄」と呼ぶこともありました。得られた鋼を用いて日本刀や針金を製造する鉄器製品産業が興隆しました。

南部鉄瓶の製造工程には多数の処理工程があります。中でも南部鉄瓶特有の色調や防錆性の特徴を左右する工程は「金気止め工程」と「仕上げ工程」です。

「金気止め」とは、鋳造した鉄瓶の表面を防錆する処理で、溶融した鋳鉄を鉄瓶の鋳型に流し込んで得られた鋳造鉄瓶を約８００℃の炭火で蒸し焼きする工程です。この時、炭火の不完全燃焼により発生した一酸化炭素ガスにより、鋳造鉄瓶の表面が還元されて黒色酸化鉄粒子を生成して緻密な薄い層を形成して防錆効果を発揮します。この黒色酸化鉄は黒錆です。
「仕上げ工程」とは、金気止め処理した鉄瓶の表面を補強するために黒漆を用いて下塗りを施し、その上

南部鉄瓶

にお歯黒液と茶汁の混合液を塗布した後、300℃の温度で加熱処理する工程です。漆は加熱処理すると酸化し硬くなる性質があるので、加熱処理は鉄瓶の表面を堅牢な漆膜で補強する効果があります。一方、お歯黒液と茶汁の混合液を塗布した塗布膜中では、お歯黒液の主成分である酢酸第一鉄が茶の成分であるタンニン酸と反応してタンニン酸第一鉄を生成し、その後、酸化されて黒色の耐容性タンニン酸第二鉄となって漆が形成した堅牢な膜を着色して南部鉄瓶特有の黒色に染めます。

また、茶色の鉄瓶を製造する際には黒漆の代わりに生漆に赤錆の酸化鉄粉を混合した赤漆を用いて同様な処理を行うことにより茶色が得られます。

北上山地の磁鉄鉱を用いた鉄器製品は、盛岡藩でも、仙台藩でもそれぞれの藩主が奨励して製造していましたが、統一して南部鉄器と呼ぶようになったのは、盛岡藩主南部氏の時代に開発された鉄瓶を「南部鉄瓶」と名付けたことに由来します。北上山地の磁鉄鉱を原料にした鉄器は藩を超えて南部鉄器と呼ぶようになったといわれています。

16 人工鉄錆の誕生

天平文化は神社仏閣などの建設を通して日本の建築技術を発達させました。また、調度品の陶磁器や漆器の類が上流階層でもてはやされていたので、窯業や木工塗装加工などの工芸技術が発達しました。やがて、これらの工芸製品も大衆化して庶民生活で用いられるようになり、着色顔料の需要が増大したので人工赤色酸化鉄顔料の量産化が必要になりました。

18世紀初頭、それまで輸入に頼っていた着色酸化鉄顔料の国産化が、備中吹屋下谷（現在の岡山県高梁市成羽町吹屋）で始まりました。山奥の吹屋村で製造するようになったのはなぜでしょう。

当時の吹屋村は日本の三大銅山の一つに数えられた吉岡銅山で栄えていました。しかし、銅山から採掘した銅鉱石は硫化鉄鉱を多く含有していたので、銅鉱石の精製工程から大量の硫化鉄が廃棄物とし排出されて露天に山積みにされていました。風雨に曝された硫化鉄は周辺の田畑や河川を汚染する厄介物となっていました。

ある時、この厄介物の一部が赤く変色しているのを偶然見つけたことから、この銅山から排出する硫化鉄を原料にして赤色酸化鉄顔料の弁柄を製造する方法が開発されました。この製造方法は「ローハ法」と命名され、銅鉱山の廃棄物を再資源化する製造法として注目されました。

ローハ法の製品は「吹屋弁柄」と呼ばれました。それまでの輸入品の弁柄を凌駕する高品位の赤色酸化鉄顔料であったので、吹屋弁柄は神社仏閣などの木造建築物の加飾塗装や京町屋の弁柄格子の塗料として重宝される一方、伊万里焼や九谷焼など陶磁器の上絵具や、京漆器や輪島塗りなどの朱漆の顔料などとしても幅広い用途で用いられ、伝統産業を支える赤色の着色顔料として全国に普及しました。吹屋村は銅山と共に弁柄の里として全国に名を馳せました。

このとき、天然赤錆に代わる人工赤色酸化鉄顔料が誕生したのでした。

ローハ法による吹屋弁柄の製造工程

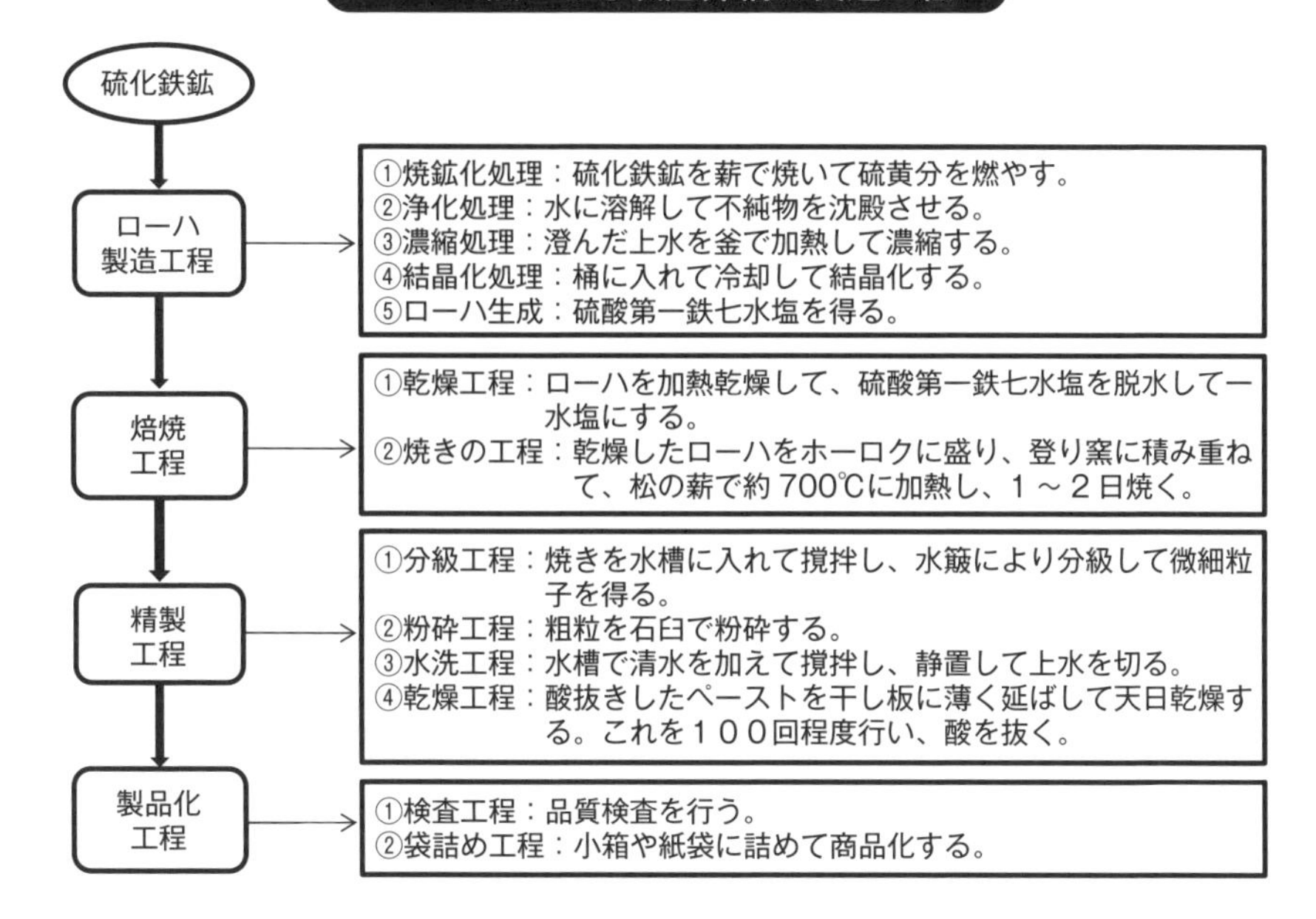

大正年代の弁柄工場

〔戸田工業㈱提供〕

Column

「黒染め法」は古くて新しい防錆技術

「黒染め法」とは、鉄鋼材を錆びないようにするために緻密な四三酸化鉄被膜を鉄鋼材の表面に形成させる防錆処理法です。生成する皮膜が光沢のある黒色を呈しているのでこのように呼ばれます。「黒染め法」は12世紀の平安時代後期に奥州で製造されていた南部鉄器の鉄瓶製造工程で行われた「金気止め処理」に遡る処理技術です。鉄鋼製品の表面を密着性が良く光沢のある黒色の四三酸化鉄の薄い膜で精度よく被覆することができるので、今日では鉄鋼製品の工具類や電子部品のような精密機械部品などの防錆処理に適用されています。

アルカリ着色法と呼ばれる処理が一般的で、苛性ソーダ水溶液に酸化剤と反応促進剤を加えて調製した処理液に鉄鋼製品を浸漬して130℃～150℃に加熱して処理します。処理品の光沢が重厚な黒色に仕上がった時に取り出してよく水洗して乾燥します。得られた処理品の表面の膜には微細なマイクロポアーがあるので、膜の表面に防錆油または潤滑油を塗って含浸させます。この処理により鉄鋼製品の防錆効果と自己潤滑性が共に一段と向上した製品に仕上がります。この処理は、南部鉄瓶の製造工程において「金気止め処理」の後に漆を塗布して焼き、硬い緻密な膜で鉄瓶の表面を被覆して防錆効果を一段と高める「仕上げ処理」に通じます。

建築用材など大型の鋼材の場合は、防錆する鋼材の箇所を部分的に加熱した後に濃厚な苛性ソーダ水溶液の処理液に浸漬することにより黒染め処理します。熱処理や焼入れした鉄鋼材は処理できません。

黒染め法は900年以上前から今日まで継承された古くて新しい防錆技術です。

第4章

現代の基幹産業を支える鉄鋳

17 鉄鋳は鉄鋼産業のコメ

明治維新後の日本の産業は欧米の工業技術を積極的に導入して近代化を促進しました。中でも製鉄産業は、これまでのたたら製鉄から洋式高炉製鉄へと技術転換して銑鋼一貫製鉄所へと発展しました。

高炉製鉄工程には、鉄鋳の酸化鉄から成る鉄鉱石を高炉で溶融して精錬する銑鉄製造工程、銑鉄の炭素含有量を調製して粗鋼を製造する転炉工程、および粗鋼を鋼片に加工する鋳造工程があります。これらの工程には大きな装置で行うため設置に広い場所が必要なので、銑鉄を製造する製鉄所と、銑鉄を鋼にする製鉄所とが別々に分かれていました。そのため、銑鉄を移動する間に熱せられた銑鉄の熱が冷める無駄がありました。鋼片は、圧延処理をして薄い鋼板に加工し、鋼板を防錆する亜鉛メッキ処理などの加工処理をして製品化します。各種製品は用途ごとに加工処理が異なるので製造工場が分かれていました。そのため、物資の移動や作業時間に無駄がありました。

これらの製鉄所や加工処理工場を一カ所に集めて無駄をなくした製鉄所を「銑鋼一貫製鉄所」と呼びます。銑鋼一貫製鉄所は生産性の高い省エネ型製鉄所ですが、建設に広大な地所と膨大な資金が必要でした。

北九州の八幡に官営の銑鋼一貫製鉄所が建設されて1901年に操業を開始しました。この場所は筑豊炭鉱に近く燃料石炭の調達に便利で、鉄鉱石や鉄製品の海上輸送にも便利な場所でした。しかしながら、高炉を安定な状態で稼働することに困難を極めました。

高炉は、その構造と原料や燃料の種類によって操業条件が複雑に変化することがまだ十分わかっていなかったためでした。高炉に火入れをして数日後に操業を停止することが何度も繰り返されていた時、岩手県の

釜石鉱山田中製鉄所から技術支援を受けました。そして、高炉の改造と操業条件の改善により安定操業に漕ぎ着けることができました。その後は第二高炉に火入れをして順調に操業が進み生産も軌道に乗り、製品の加工工場も活発に操業して目標生産量を達成しました。

釜石鉱山田中製鉄所は、1886年に前身の官営製鉄所の払い下げを受けて操業を始めた民間の製鉄所

銑鋼一貫製鉄工場の製造工程

＜原　料＞	①鉄鉱石、②コークス、③石灰石
＜焼結炉＞	原料の前処理工程 ・原料①②③を混合、焼結塊とする。
＜高　炉＞	製銑工程 ・鉄鉱石から鉄を取り出す（精錬） ・銑鉄；炭素を2～3％含有する鉄
＜転　炉＞	製鋼工程 ・銑鉄から炭素を除去して鋼に転換 ・鋼；炭素を0.3～2％含有する鉄
＜鋳　造＞	半製品工程 ・一定の型に鋳固める。 ・薄板用スラブ、線材用ビレットなど。
＜圧　延＞	製品化工程 ・厚板、薄板、形鋼、鋼管など。
＜表面処理＞	製品化工程 ・メッキ、塗装、研磨などの処理品

高炉

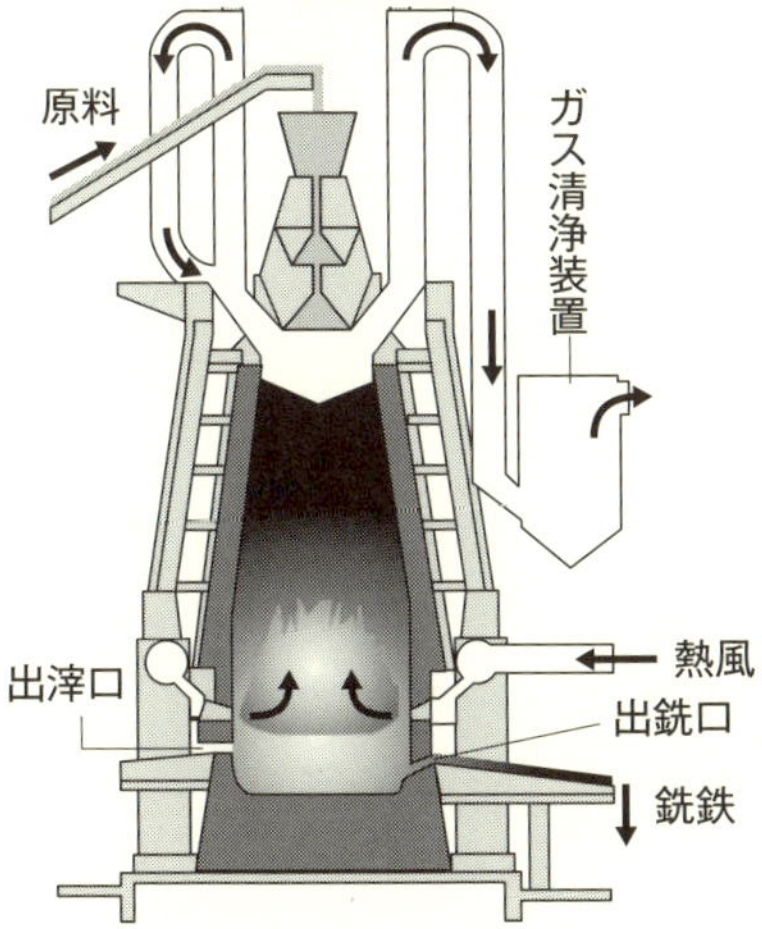

で、国内初の銑鋼一貫製鉄所です。前身の官営製鉄所は、1857年に大島高任（日本鉱業界初代会長）が盛岡藩大橋（現在の釜石市）に日産2トンの洋式高炉を国内に初めて建設した製鉄所でした。大島は北上山地の鉄鉱石を原料にして洋式高炉の連続操業に初めて成功した人物で、日本の近代製鉄業の父と称されています。

この官営製鉄所が岩手県の北上山地の麓に建設されたのはなぜでしょう。

北上山地は、黒錆の磁鉄鉱から成る鉄鉱石の大鉱脈が背骨のように連なって、北部の八戸領では段丘砂鉄を、中部の盛岡領では花崗岩残留砂鉄を、南部の仙台領では浜砂鉄をそれぞれ産出していました。その当時、東北の各藩主は豊富な鉄鉱石の活用により、たたら製鉄と鋳物工業を奨励して南部鉄器を伝統産業に育成しました。釜石鉱山田中製鉄所は、この郷土の歴史を継承して鉄鋼産業の近代化の先鋒を務めたのでした。近代鉄鋼産業は、東北の「田舎なれども南部の国は西も東も金の山」から始まりました。

1934年、官営八幡製鉄所を中心に民間4社との半官半民の合同会社、日本製鉄（日鉄）が設立されました。終戦後、日鉄はGHQによって解体されましたが、1950年、日鉄再建計画に沿って八幡製鉄と富士製鉄、他2社による第二会社が設立された後、1970年に八幡製鉄と富士製鉄が合弁して新日本製鉄（新日鉄）が設立されました。そして2012年、新日鉄は住友金属工業を吸収合併して新日鉄住友が設立されました。

日本の鉄鋼産業がこのように統合していく背景には、輸入に頼っている原料鉄鉱石と石炭の確保を一元化して輸入を有利に行うこと、高炉など設備を大型化してコスト削減を図ること、精錬など製鋼関連技術やノウハウ情報を共有化して生産技術の開発を促進することなどがありました。その結果、欧米の鉄鋼技術に追いつき世界のトップクラスの生産量と品質を誇るまでに成長を遂げたのでした。

日本の鉄鉱石輸入先の主な国はオーストラリアとブラジルで、年間の輸入量は約1億数千万トンです。この大量の鉄鉱石は天然の赤鉄鉱で鉄錆です。鉄錆は鉄鋼産業を支えるコメでした。

18 赤レンガは土の錆

２０１４年、東京駅が営業開始百周年を迎え、駅舎が百年前の赤レンガの姿を復元しました。東京駅は日本の表玄関といわれてきましたが、百年前から駅舎は赤レンガ造りで、当時は文明国を象徴する建造物でした。赤レンガの古い建物は、この他にも歴史記念館として全国に多数残っています。

現在ではレンガの建築物は地震に弱いとされて建造することは稀で、赤レンガは専ら装飾材として用いられています。しかし、その当時は文明開化の波が衣食住のすべてに広がり日本文化の西欧化が進んだ時代でしたので、中でも建築物の西欧化が盛んで建築材料の鉄筋やコンクリートなど新建材の需要が増大しました。

政府は製鉄所やセメント工場を国の基幹産業として整備しましたが、その際に必要になったのが赤レンガ

開業当時の姿が復元された東京駅

の調達でした。赤レンガの国産第一号は長崎で製鉄所が建設された時で、今から150年前のことでした。

赤レンガの製造は原料に適した粘土質の土が採掘できる地方で行われました。その工程は採掘した土を砕く粉砕工程、水を加えて練り合わせる混練工程、型に入れて押し出す成形工程、所定の大きさに切り出す裁断工程を経て得られた成形物を1週間から10日間かけて乾燥した後、黄土色の乾燥成形物をトンネルキルン型焼成炉で2日間かけてトンネル内を移動させて加熱焼成して赤レンガを製造する工程から成ります。

加熱最高温度は1100~1200℃の高温です。600℃程度の温度ではまだ色は変わらず1100℃以上になると鮮やかな赤色に焼き上がります。しかし、炉の雰囲気が熱源の不完全燃焼により還元性になると黒味色のレンガとなり焼き過ぎレンガといわれます。

焼成工程で黄土色の土が赤く発色して赤レンガが生成するのは、土が含有している10数%の黄色含水酸化鉄微粒子が脱水して赤色酸化鉄微粒子を生成するからです。また、黒味色の焼き過ぎレンガが生成するのは、黄色酸化鉄から生じた赤色酸化鉄粒子が燃料の不完全燃焼により生じた還元性雰囲気中の一酸化炭素により還元されて黒色磁性酸化鉄を生成したからです。

このように土をていねいに処理して製造した赤レンガは、強度や耐候性などの建材としての特性はもちろんですが、その他に吸水率が10~15%という特徴があります。この特徴は室内の湿度を調湿する効果を発揮します。

赤レンガ倉庫の内部が夏場ひんやりしているのはそのためです。この調湿の作用効果は、赤レンガ中の赤色酸化鉄粒子が大きな比表面積を有する超微粒子であることにより赤レンガの狭い空隙において湿度コントロール機能を発揮できるからです。

乾燥レンガも同様に土に含まれている超微粒子含水酸化鉄が大きな比表面積を有しているので、乾燥レンガで造られた部屋の中は調湿されます。

レンガのルーツは古く、紀元前3000年以前に遡りますが、記録によれば古代の人たちの住居が日干しレンガや焼成レンガで造られていたので、古代人は鉄錆の効果を知るや知らずのうちに快適な生活空間で暮らしていたことが想像できます。

東京駅の赤レンガ壁

赤レンガの製造工程

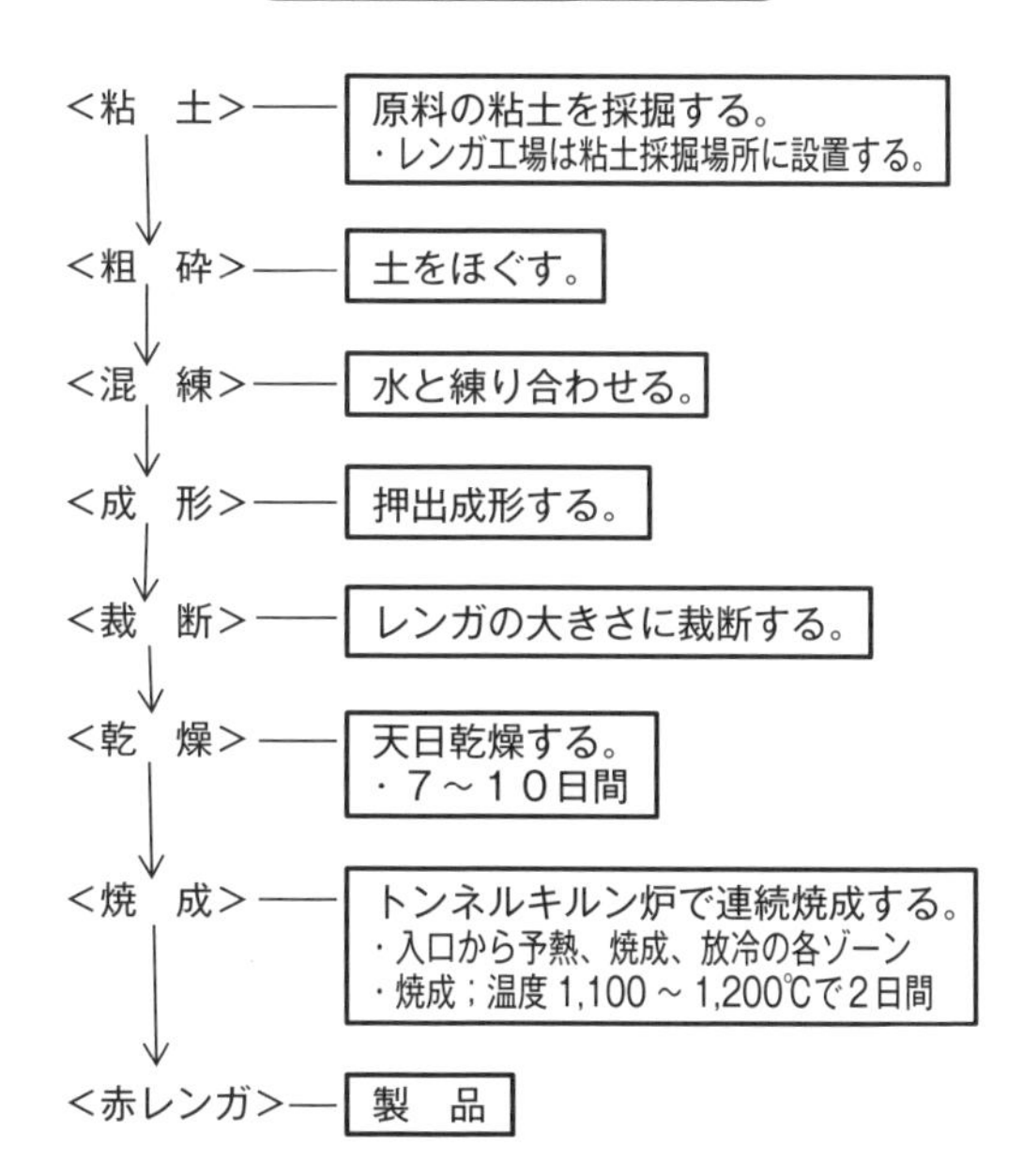

一方、現代生活においても赤レンガは建築材以外にも環境材としての調湿効果を見直す必要があります。そして、シックハウス症候群の原因であるカビや細菌の繁殖を抑止する使用方法の開発が急がれます。

19 ステンレス鋼は錆で錆を防ぐ

ステンレス鋼は、クロムを含む錆び難い合金鋼です。

鉄は酸素と水がある環境では必ず錆びるので合金鋼でも主成分の鉄が錆びます。鋼材の錆び対策には金属メッキや塗装など種々の防錆加工処理方法がありますが、究極的には錆びない鉄鋼を開発することでした。

ステンレス鋼の開発は、ヨーロッパにおいて11世紀のインド製ウーツ鋼まで遡る長い歴史がありますが、1910年頃にドイツの製鋼所でオーステナイト系ステンレスの「18%クロム・8%ニッケル」ステンレスを初めて製品化しました。この製品は現在のSUS304（18・8ステンレス）でした。日本においては1950年代後半にはステンレス鋼板の量産が始まり、家庭用品などに広く普及しました。高度成長期の1970年には自動車産業や電機産業など種々の産業分野でステンレス鋼の需要が増大して生産量が世界一になりました。

その後もステンレス鋼の需要は増加を続けていますが、海外諸国でもステンレス鋼の製造が始まったので、海外に原料を依存している日本は原料確保が一層困難になってきました。

ステンレス鋼のクロムやニッケル成分はどのようにして防錆効果を発揮するのでしょう。

クロム鉄合金が錆び難いのは、クロムが鉄よりも酸化しやすい性質によるものです。そのため、クロム鉄合金が空気と水に触れると鉄より先にクロムが酸化してクロムの水和オキシ酸化物の極薄い緻密な不動態皮膜を生成してクロム鉄合金の表面を被覆して錆の進行を防ぎます。この現象はクロムの含有量が多いほど効果がありますが、12%以上で顕著に現われます。

表面が傷ついて不動態皮膜が破れても、酸素があれ

ステンレス鋼の不動態皮膜

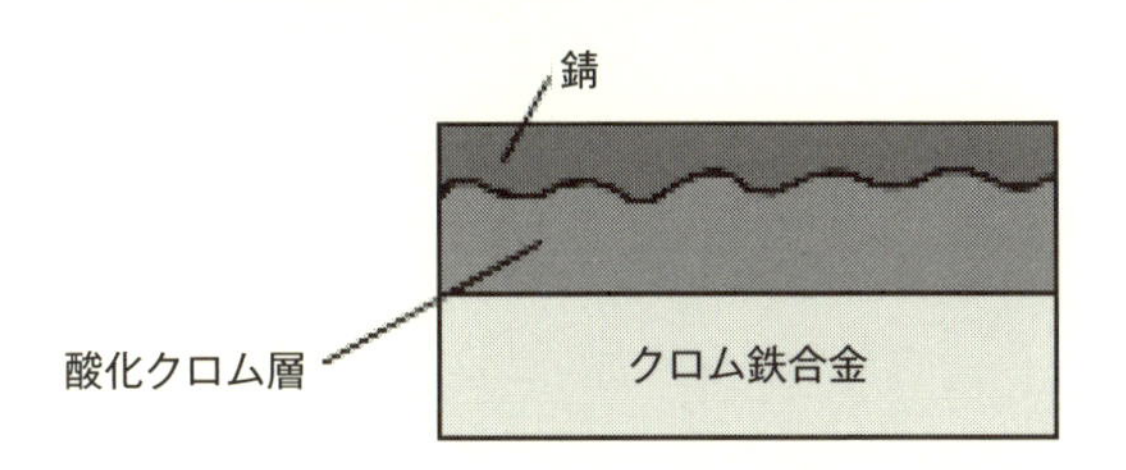

ステンレス鋼製品の製造工程

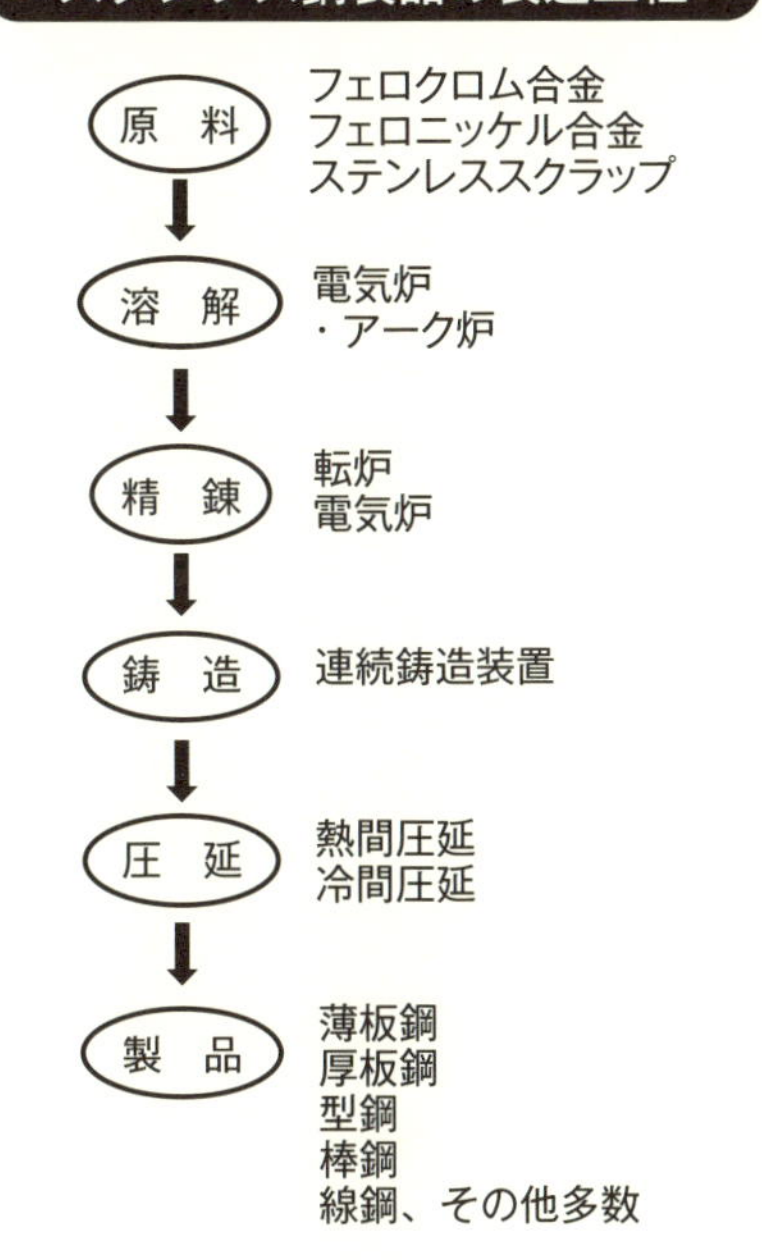

ば皮膜を再生する機能があります。ニッケルが共存すると、この再生機能が増大して、さらに錆び難くなることが判明しました。クロムが作る不動態皮膜は酸化性の酸（硝酸など）には大きな耐食性がありますが、非酸化性の酸（硫酸、塩酸など）に対しては耐食性が劣ります。これにニッケルを８％以上添加すると、非酸化性の酸に対しても耐食性を示すことがわかりました。

ステンレス鋼の製造工程は、原料のフェロクロム（クロム鉄合金）とフェロニッケル（ニッケル鉄合金）とステンレススクラップを電気炉で溶解した後、転炉で精錬し、連続鍛造装置を用いて鋼板用スラブや線材用ピレットに成形した後、圧延により形状を整えて製品化する工程から成ります。

基本的な工程は高炉製鉄と同じですが、精錬工程の転炉において、炭素量を削減するために吹き込む酸素がクロムを酸化するという問題がありました。そこで、酸素以外のガスと併用する方法やガス吹込み装置の改良などが行われて、この問題は解決されました。高炉製鉄の銑鉄は炭素含有量が多くてステンレス鋼の鉄原料に使用できなかったのですが、炭素量が多い鉄原料でも使用できるようになったことは、高炉製鉄の銑鉄を用いるステンレス鋼の一貫製造が可能になる大きな製造技術のイノベーションでした。

ステンレス製品の需要が増大する中で、製品の種類も増えて鋼材のＪＩＳ規格で１００種類を超えました。主要元素で分類するとクロム系とニッケル系の２種類ですが、ステンレス鋼は製造プロセスの違いで鋼の結晶組織が変わり機能性が異なるので、ステンレス商品はその結晶組織の名称で分類されています。クロム系はフェライト系とマルテンサイト系に、ニッケル系はオーステナイト系とオーステナイト・フェライト二相系に分類されています。

ステンレス鋼の技術開発の発展には目を見張るものがありました。錆びない鉄を希求する姿に、鉄器の実用化が青銅器に追い越された遠い記憶がよみがえります。南部鉄器は自分の表面を酸化して生じた黒錆で鉄器を錆から保護しました。ステンレス鋼はクロムが自ら酸化して不動態皮膜となり錆から保護します。錆を錆で制することは今も昔も変わりありません。

ステンレス鋼の種類

二大元素による分類	合金鋼組織による分類
クロム（Cr）系	フェライト系ステンレス ・炭素0.15％以下 ・Cr13％、18％
	マルテンサイト系ステンレス ・炭素0.2～0．5％ ・17％Cr、4％Ni、4％Cu
ニッケル（Ni）系	オーステナイト系ステンレス ・18％Cr、8％Ni
	オーステナイト・フェライト系 二相系ステンレス

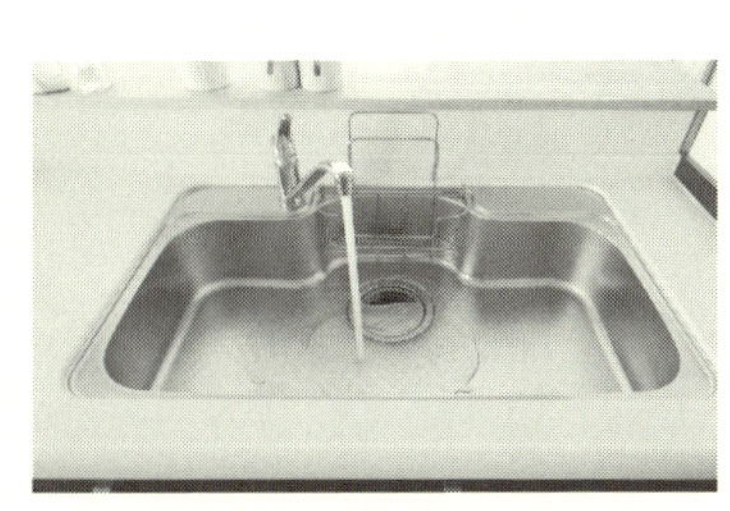

多くの流し台などの水回り品には
ステンレス鋼が使われる。

製品の種類と主な用途と特徴

製品の種類	主な用途	特　徴
フェライト系ステンレス ·SUS430 ·SUS430LX	業務用厨房 建築内装 家具	汎用性
マルテンサイト系ステンレス ·SUS403 ·SUS410 ·SUS410S	刃物 シャフト	硬質
オーステナイト系ステンレス ·SUS304 ·SUS304L ·SUS310S ·SUS316 ·SUS316L ·SUS321 ·SUS347	家庭用品 建築内外装 液化天然ガスタンク 原子力設備	耐食性に優れている
オーステナイト・フェライト 二相系ステンレス ·SUS329J	海水用復水器 熱交換器 排煙脱硫装置	強度が高い 耐応力腐食性 耐海水性 化学プラント用装置

20 電磁石になった鉄錆

1970年代以降、電子産業の興隆により磁石の需要が増大しました。フェライト磁石は絶縁性と加工性が良好で安価であることなどから、それまでの金属磁石に置き代わりました。それまでは磁石のユーザー自身で原料から製品までを一貫生産していたものが原料や中間製品を外注するようになりました。

フェライトは酸化鉄と二価金属酸化物から成る化合物で、二価金属としてよく用いられるものにはマンガン、マグネシウム、亜鉛、コバルト、ニッケル、バリウム、ストロンチウムなどの酸化物があります。酸化鉄工業はフェライト磁石用酸化鉄粉とフェライトの中間製品を製造するようになりました。

一般的な製造工程は、①酸化鉄粉と二価金属酸化物を均一に混ぜる混合工程、②フェライト化の仮焼工程、③仮焼き塊を粉末化する粉砕工程、④適度な大きさに造粒する造粒工程、⑤製品金型で成形する成形工程、⑥フェライト化する本焼成工程、⑦製品に仕上げる加工工程、⑧製品を検査する検査工程からなります。中間製品とは②の仮焼品が対象になります。

フェライトは組成や生成条件によって特性が異なります。大別すると、電磁コア用には結晶構造がスピネル型のソフトフェライトが、永久磁石用には六方晶型のハードフェライトが用いられます。テレビのブラウン管の偏向ヨークには、スピネル型のマンガン・マグネシウム・亜鉛の三元系ソフトフェライトでアサガオの花のような形をしたコアが用いられます。この他、フライバックトランスのコアなど電子回路にはソフトフェライトコアが多数使用されています。また、自動車の窓の開閉や家電品の駆動部の小型モーターの永久磁石用には六方晶のバリウムフェライト粉を混練・成

フェライトの種類

結晶構造	化学式
スピネル型	M Fe_2O_4 M；Fe、Co、Ni、Mn、Zn、Mg
マグネトプランバイト型	M $Fe_{12}O_{19}$ M；Ba、Sr、Pb
ペロブスカイト型	M FeO_3 M；希土類金属
ガーネット型	M Fe_5O_{12} M；希土類金属

小型モーター用フェライト磁石群

形したボンド磁石が用いられ、冷蔵庫のドアパッキンや初心者マークの若葉マークシートなどにはゴム磁石が用いられています。このようにフェライト磁石が広い用途で汎用されるのはフェライト磁石が環境安定性に優れ安価であるという特徴によるものです。

酸化鉄工業の主な原料は鉄鋼産業の副生硫酸鉄であるため、鉄鋼産業の稼働状況に左右されました。

鋼材の需要が増大して増産が進む中では、鋼板製造の酸洗工程において酸洗廃液が増えて処理に問題が生じました。廃液はスクラップ鉄を浸漬して余剰の硫酸と反応させ廃液中の硫酸鉄濃度を高濃度化した後、鉛張りの冷却槽に移して硫酸鉄七水和物を結晶化して、結晶物は固液分離し、水溶液はアルカリで中和して放流し、硫酸鉄結晶は回収しました。しかし、硫酸鉄結晶の回収量が多すぎて処分が困難となりました。

酸化鉄工業では酸化鉄の増産が始まっていた時期であったので都合よくこの問題は解消しました。

鋼板製造において、鋼板の酸洗浄化処理は製品の品質を左右する重要な処理工程です。酸洗に塩酸を用いると硫酸使用の場合より鋼板表面の仕上がりが良く、高品位の製品になることが確認されたことにより、酸洗工程が塩酸水溶液を用いる酸洗浄化処理に転換しました。

酸洗廃液は塩酸と塩化鉄の混合水溶液になるので、硫酸酸洗廃液の場合と異なる廃液処理方法が必要でしたので、ルスナー法（噴霧焙焼法）の廃液処理装置が導入されました。この方法は、噴霧焙焼炉を用いて塩化鉄含有廃液を噴霧して廃液中の塩化鉄を塩素ガスと酸化鉄に熱分解させる方法です。生じた塩酸ガスは回収して酸洗工程にリサイクルし、酸化鉄粉も回収して鉄原料とし、または精製して酸化鉄顔料として利用します。

しかし、この副生酸化鉄粉は結晶の中に塩素を取り込んでおり分離が非常に困難であったので、鉄原料に再生することも、酸化鉄顔料に再生することも容易ではありませんでした。このままでは産業廃棄物になるので、関係者により精製浄化処理法と利用法に関する研究が精力的に行われました。その結果、種々の処理方法が開発され利用可能な用途も開発され、中でも大きな用途がフェライト磁石用酸化鉄原料でした。

ボンド磁石の成形加工法

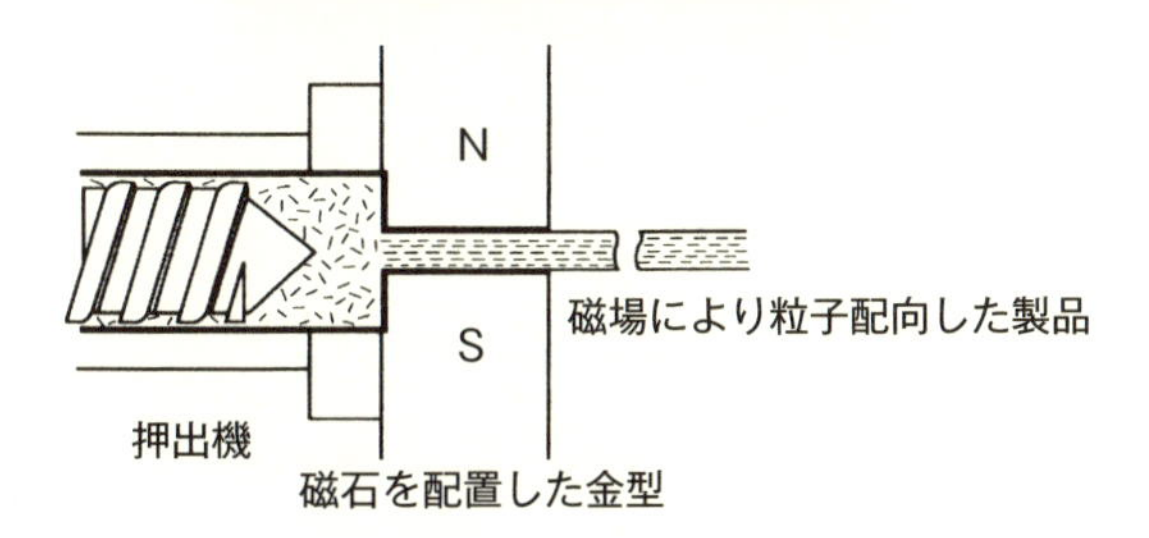

（a）磁場配向方式

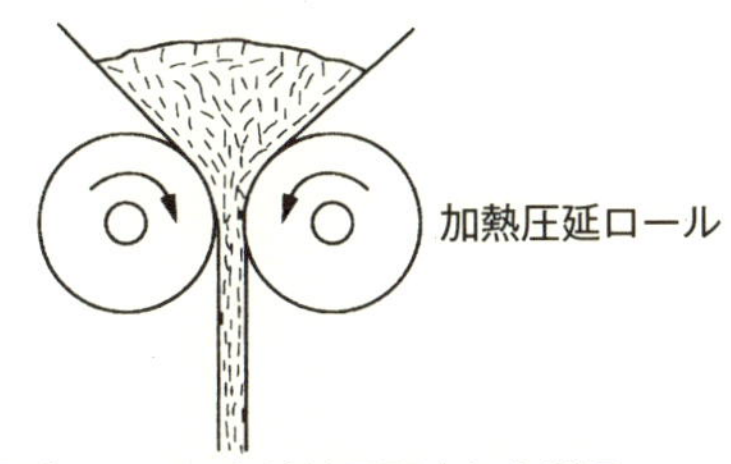

（b）機械配向方式

ルスナー法の工程

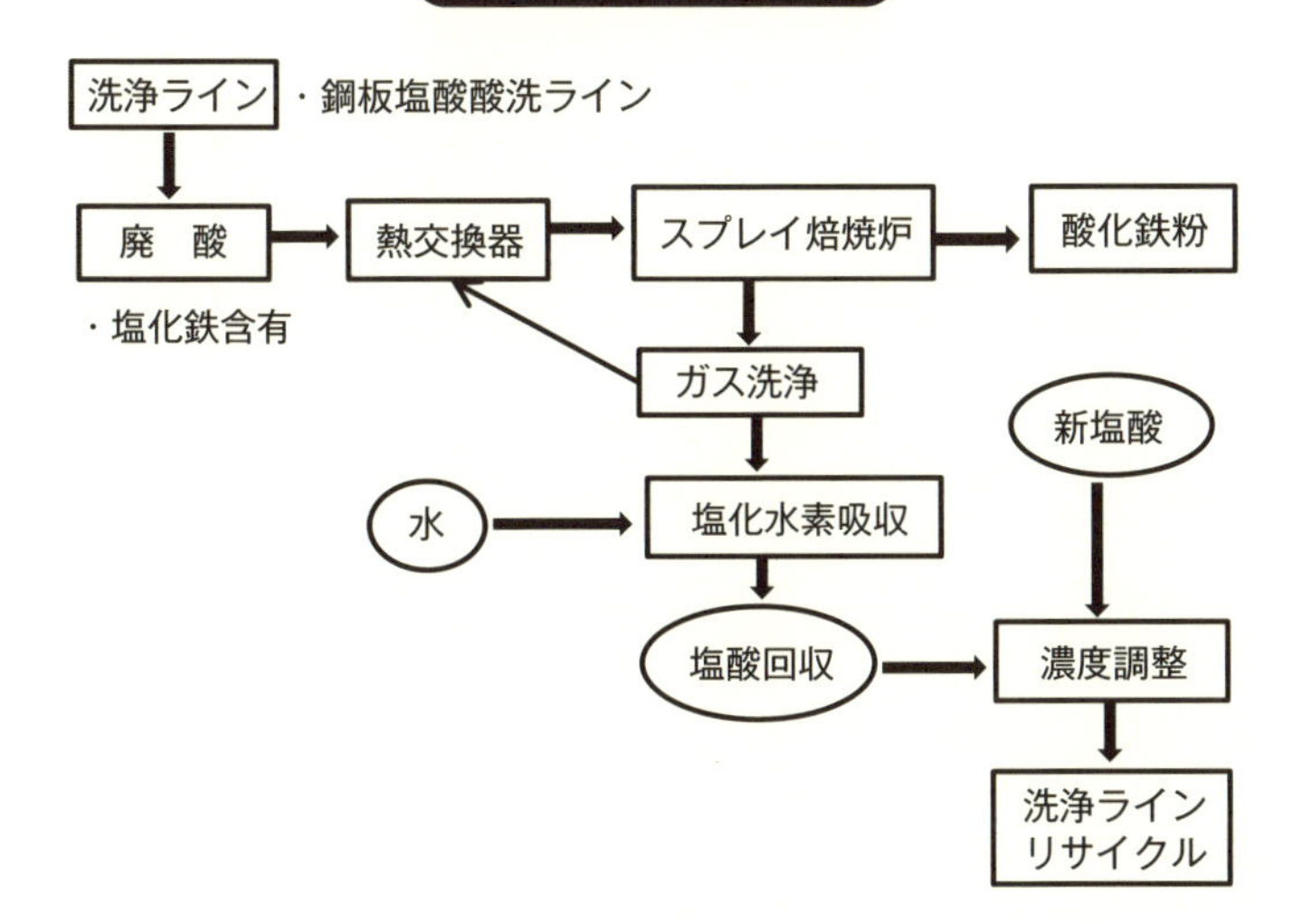

21 テレビ放送を支えた鉄錆

1953年はNHKがテレビ放送を開始した年で、テレビ時代の幕開けの年でした。この頃のテレビは14インチのブラウン管方式で白黒画像でした。価格は大卒初任給の1年分以上の値段だったので一般庶民には高嶺の花でした。駅前広場に設置された1台のテレビに群衆は歓声を挙げてプロレスの実況放送を観戦していました。テレビ放送は大衆に活気を与え、産業界では電器産業が活況を呈し白黒テレビの量産化が始まりました。これを契機に家庭用電化製品が次々に発売されて、白黒テレビと電気洗濯機と電気冷蔵庫が家電製品の三種の神器と喧伝されて電化製品が一般家庭に急速に普及しました。これらの製品には大量の電磁石材料が用いられていました。

テレビは、ブラウン管（陰極線官ともいいます）に電子銃と電子ビームの収束コイルと偏向ヨークの電磁石を内蔵し、電源装置のフライバックトランスを装備しています。

電磁石材料にはケイ素鋼板など金属製磁石材料がありますが、テレビ放送の電波が高周波であるために電磁気特性が不足で使用できませんでした。日本では世界に先駆けてフェライトに関する研究開発が進んでいたので、高周波数領域の電気信号に対しても高抵抗率で磁気ひずみ（磁歪といいます）が小さいという電磁気特性のフェライト磁性材料が製造されました。

二価金属がマンガン、マグネシウム、ニッケル、亜鉛などの酸化物との複合酸化物でスピネル型結晶構造の焼結体はソフトフェライトです。また、二価金属がバリウム、ストロンチウム、鉛などの酸化物との複合酸化物でマグネトプランバイト型結晶構造の焼結体はハードフェライトです。

ソフトフェライトは、この焼結コアにコイルを巻いて電流を流すとコイルから発生する磁場により磁化されて磁石になり鉄片を吸引し、コイルの電流が切れると磁性が消失して鉄片を落下させます。このような磁

初期のブラウン管テレビ

ブラウン管

気特性を磁場に対してソフトな性質の磁性材料であるといいます。軟磁性材料、軟磁性フェライトコアなどともいいます。このようなソフトフェライトはテレビなどの電子部品の電磁気材料として汎用されます。

ハードフェライトは、この焼結体を磁場中に置くと磁石になって鉄片を吸引し、磁場から取り出しても鉄片は吸引したままで磁力は衰えません。このような磁気特性を磁場に対してハードな性質の磁性材料であるといいます。硬磁性材料、硬磁性焼結フェライト磁石ともいいます。

偏向ヨークと呼ばれる電磁石部品はブラウン管の心臓部であり、漏斗状の電磁石コアにコイルを巻き付けた構造で、このコイルに信号電流が流れると、電流の大きさに応じた磁界が発生して通過する電子ビームを偏向します。テレビは、信号受信装置からの電子信号を電子銃により電子ビームとして発射して、収束コイルで収束された電子ビームは偏向ヨークの磁界を通過してブラウン管の画像表示面の裏側に塗布された蛍光物質面を走査することにより画像を形成します。この時、フライバックトランスにより入力電圧が高電圧化されてブラウン管が発光します。

1960年代半ばのいざなぎ景気時代にはテレビ放送が白黒からカラー画像に変わりカラーテレビの時代が始まりました。この時代のテレビは白黒でもカラーでもブラウン管方式でした。カラーテレビに使用する電磁石材料は白黒テレビの2倍以上必要でしたので、フェライト磁石の需要も酸化鉄粉の需要も増大して、フェライト工業も酸化鉄工業も活況を呈しました。このような時代背景の下に鉄錆の赤色酸化鉄粉は着色顔料から電子部品のフェライト磁石へと用途が拡張して大きな需要期を迎えました。

電磁コア用には、結晶構造がスピネル型のソフトフェライトを用います。偏向ヨーク用コアには通常、マンガン・マグネシウム・亜鉛フェライトが用いられます。また、ブラウン管を発光させるために入力電圧を高電圧に変換するフライバックトランス用コアには、絶縁性と高周波特性に優れたニッケル・亜鉛フェライトまたは、初透磁率や飽和磁束密度およびコアロス特性などに優れたマンガン・亜鉛フェライトが用いられます。

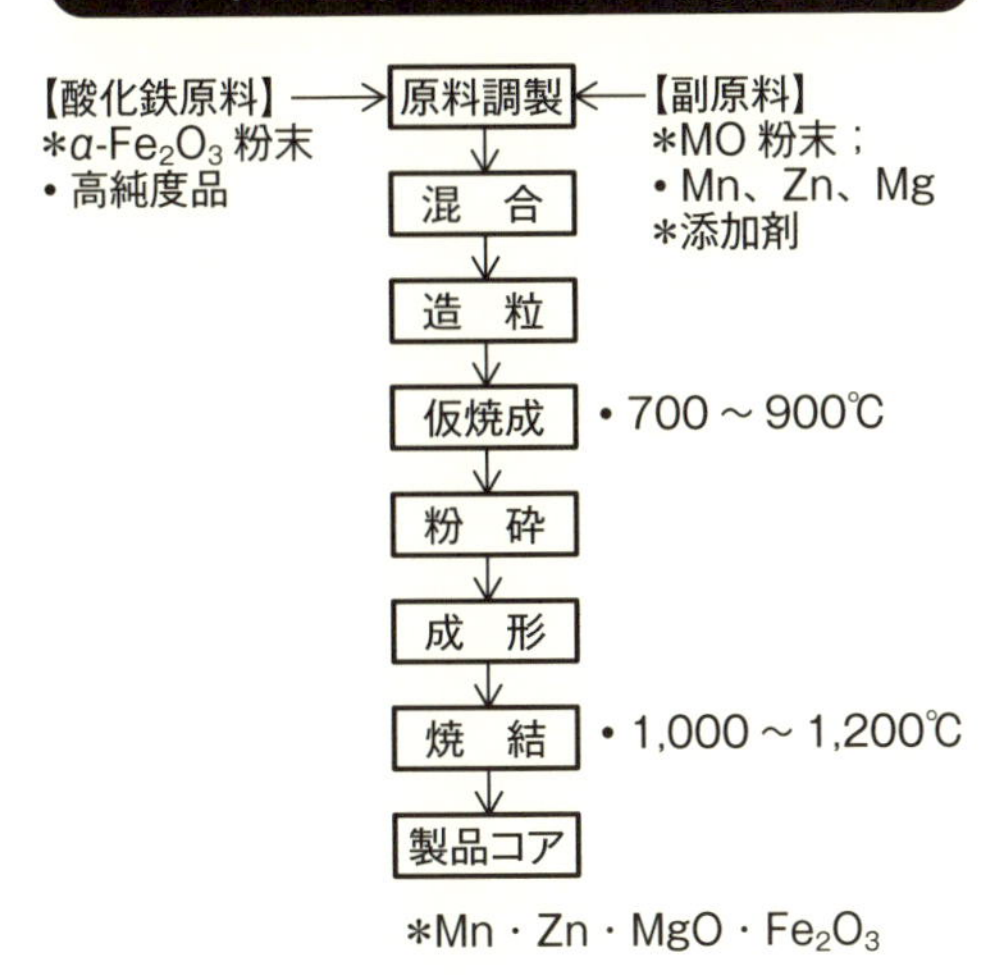
ソフトフェライト・コアの製造工程
【酸化鉄原料】
*α-Fe2O3 粉末
• 高純度品
原料調製
【副原料】
*MO 粉末；
• Mn、Zn、Mg
*添加剤
混　合
造　粒
仮焼成
• 700～900℃
粉　砕
成　形
焼　結
• 1,000～1,200℃
製品コア
*Mn・Zn・MgO・Fe2O3

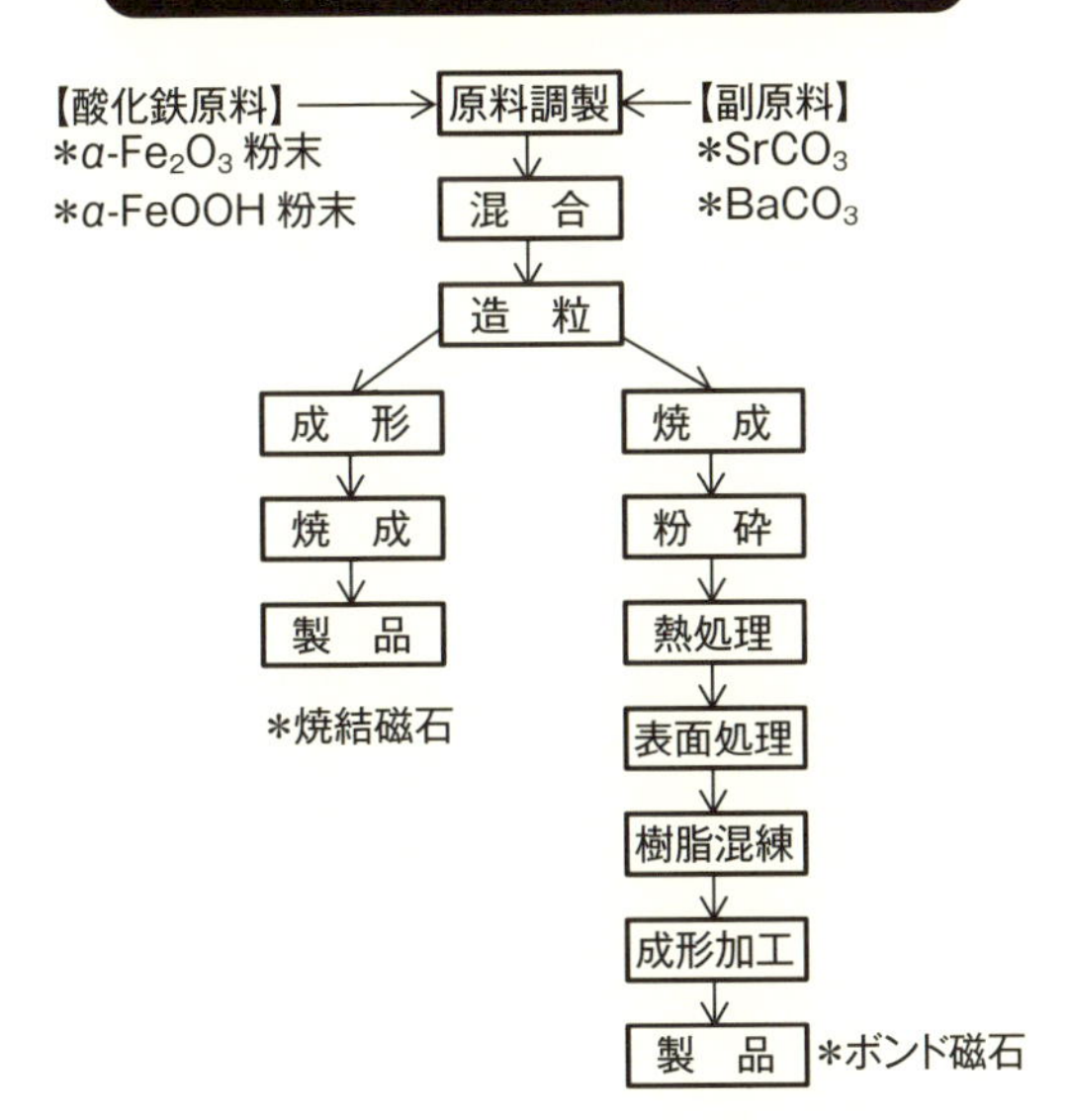
ハードフェライト磁石の製造工程
【酸化鉄原料】
*α-Fe2O3 粉末
*α-FeOOH 粉末
原料調製
【副原料】
*SrCO3
*BaCO3
混　合
造　粒
成　形
焼　成
製　品
*焼結磁石
焼　成
粉　砕
熱処理
表面処理
樹脂混練
成形加工
製　品
*ボンド磁石

22 電波吸収材になった鉄錆

高層ビルの建設ラッシュの時代に、テレビ電波が高層ビルに反射してビルの陰になった場所の家のテレビが放送を受信できない、またはゴースト画像が混入して画面が乱れるなどの電波障害が発生しました。これを契機に、いろいろな電波障害について対策が研究開発されました。

テレビゴースト対策をはじめ、自動車など移動体から発信する妨害電波による事故防止策、高速道路のETCシステムの電波の反射による誤動作、各種電子機器からの漏洩電磁波による健康障害など、電波の恩恵を受ける一方で障害が生じました。

高層ビル対策にはビルの外壁に電波吸収材のタイルを貼ることが検討されて成功しました。例えば東京都庁の高層庁舎建設に際して電波障害問題が検討された結果、外壁にフェライトタイルを設置して電波障害を防止しました。

この電波吸収タイルは、鉄錆の酸化鉄とマンガンと亜鉛の酸化物から成る複合焼結体のマンガン・亜鉛フェライトの磁性体でした。この間に、電波吸収効果は材料の特性だけでなく吸収体の形状や大きさなど立体的な構造が関係していることも明らかになり、種々の形状のフェライトタイルが開発されました。

高速道路料金所のETCシステム導入の初期に、周辺の金属製構造物により通過車両が発信するETC電波が反射して誤作動することがありましたが、このフェライトタイルの粉末を樹脂に練り込んだ電波吸収シートを電波反射の原因となった金属構造体に貼り付けることにより電波の反射を防止しました。

自動車などの移動体の漏洩電波を測定することは容易ではありませんでしたが、電波暗室が開発されたこ

電波吸収フェライトタイル

ミリ波帯用フェライトシート

とにより対策が採られるようになりました。電波暗室は、文字通り外部からの電波を完全に遮断した無電波の暗室です。

　電波暗室に自動車を置いてエンジンを掛けた状態で、設置してあるアンテナで漏洩電波を測定すれば、

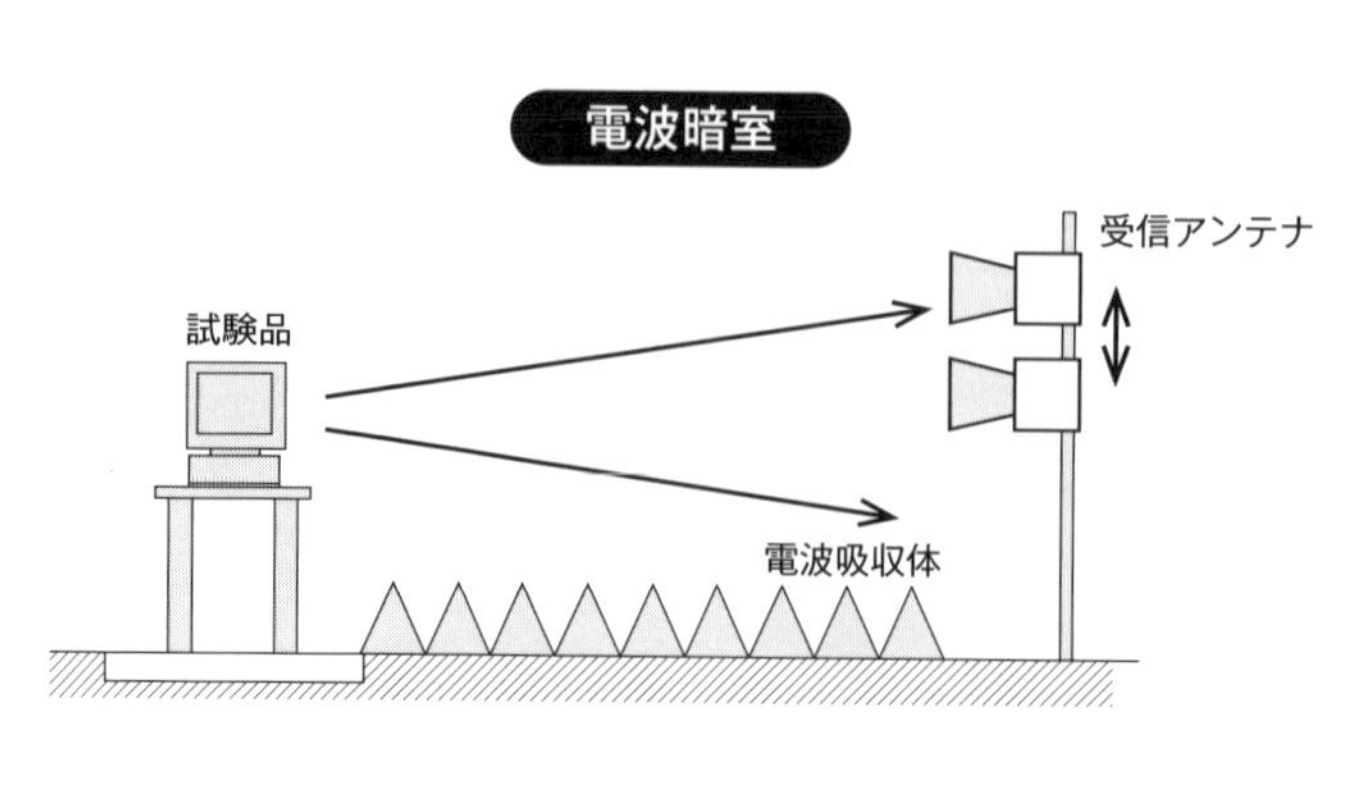

本体の自動車以外に発信する電波がない状態で測定できるので対策が正しく採れます。
　一般的な電波暗室は、カーボンを含浸したウレタンフォームで1辺が100㎜の正方形で厚みが10～100㎜の立方体の土台に、高さが100～2000㎜の種々の長さの四角錐の成形体を壁全面に隙間なく貼りめぐらし、室内空間の所定の位置に送信アンテナと受信アンテナを配置し、測定サンプルはその中央に置き、測定操作は部屋の外でモニターを見ながら行います。しかし、自動車など強力な電波を発信する場合には電波吸収の結果、発熱によりウレタンが燃焼するという事故がありました。
　この問題の解決のために、電波吸収材料にマンガン・亜鉛フェライトを主とする原料を1辺が100～150㎜で厚みが10～30㎜の立方体に成形加工した焼結タイルを用いて電波暗室が作製されました。このフェライトタイルは強力な電波にも対応できるので、自動車などの強力な漏洩電波の測定から、パソコンや携帯電話など微小な漏洩電波の測定まで広範囲な対象物の測定が可能になりました。

23 酸化鉄の無公害製法

1960年代は日本経済の復興時期で、鉄鋼産業をはじめ建設、自動車、電器などの各産業の生産が活況を呈していました。酸化鉄工業も鉄原料を金属鉱山の金属選鉱後に排出する硫鉄鉱を原料にしていた時代から、鉄鋼産業の鋼板酸洗工程の副生硫酸鉄を原料にする時代へと移行しました。ちょうどその頃、家電製品の需要が続伸して、電子部品用電磁石にフェライト磁石を使う製品が増えたことによりフェライト用酸化鉄粉の需要も増大しました。

酸化鉄工業も鉄鋼産業の副生硫酸鉄を搬入するのに便利な市街地近くに製造工場を移しました。しかし、酸化鉄の製法はローハ法を継承していました。焙焼炉に近代的なロータリーキルン炉を用いましたが、煙突から排出するガスはローハ法と同様に亜硫酸ガスを大量に含む排煙ガスです。当初は、この状況下で操業していましたが、鋼板酸洗工程の副生硫酸鉄を焙焼するロータリーキルン炉の煙突からは亜硫酸ガスが排出して大気を汚染したので除害装置を設置しました。

また、製品の水洗工程で排出する未分解の鉄塩や、ろ過工程から漏れ出した極微細な粒子が赤い水となって工場排水と共に排水口から流れ出て河川を汚濁したので、工場排水の浄化設備として沈殿プールと水質検査および調製設備が設置されました。しかし、当時の公害処理技術では十分な処理効果が上げられず公害問題が発生して、工場近隣の住民とのトラブルが絶えませんでした。そのため、公害のない酸化鉄の製造法が待望されました。

そして、鉄は水と酸素があれば錆びるという原理を応用して水中で酸化鉄を合成する「湿式法」が1960年代半ばに開発されました。湿式法の原料は

赤色酸化鉄粉の湿式合成工程

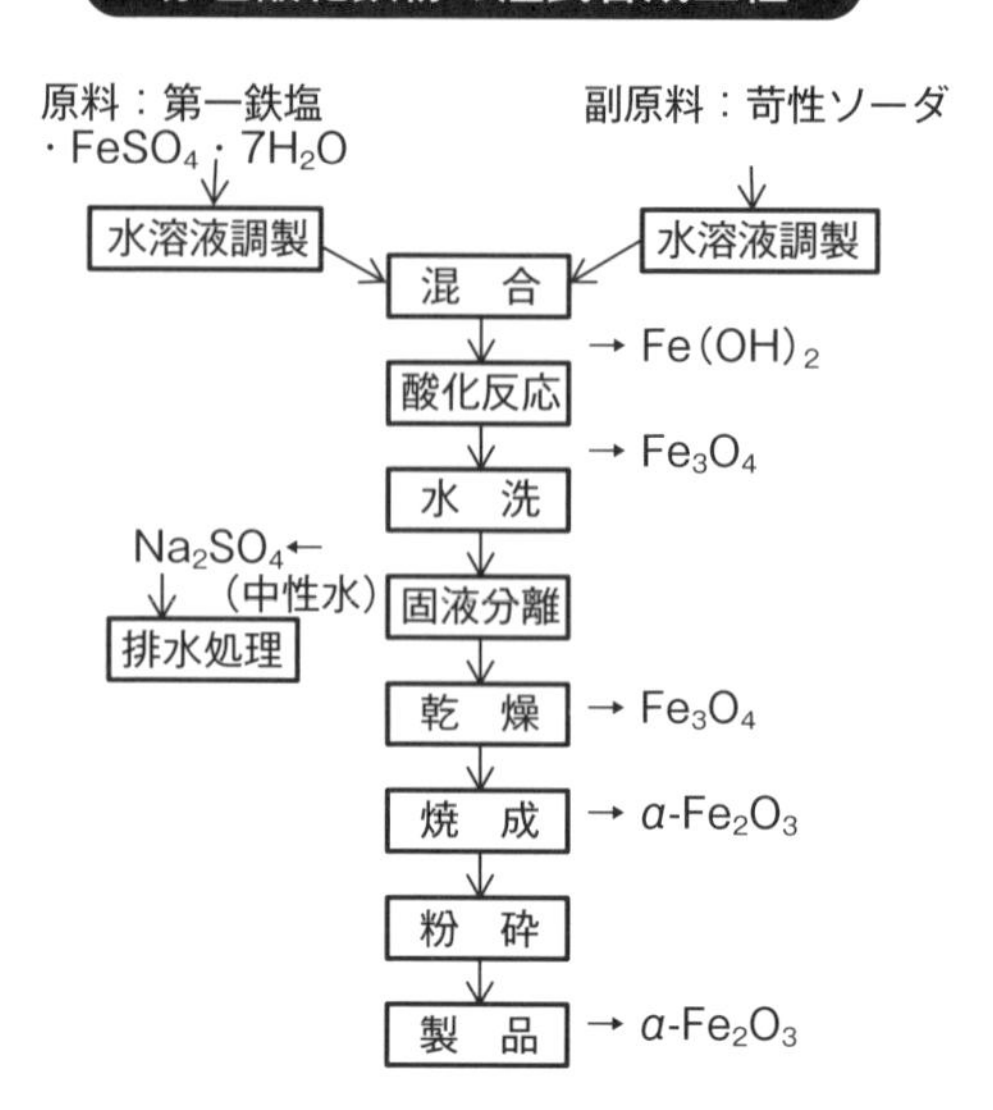

鉄塩水溶液で、水溶液中の鉄を反応させて酸化鉄を合成するという方法です。

硫酸第一鉄結晶を水に溶かした第一鉄塩水溶液を原料として苛性ソーダ水溶液を添加して水酸化第一鉄コロイド（白い鉄錆）を生成し、空気を吹き込んで水酸化第一鉄コロイドを酸化すると、マグネタイトが生成します。

この反応では亜硫酸ガスの発生はなく、また、生成したマグネタイト粒子を水洗洗浄した排水は中性で透明な排水なので、大気汚染や河川を排水で汚濁することはありません。

湿式法で製造したマグネタイトの乾燥造粒粉をロータリーキルンに投入して空気中で加熱して酸化することにより、大気汚染や河川汚濁など環境に被害を与えることなく赤色酸化鉄顔料を生成することができます。永年待望されてきた赤色酸化鉄顔料の無公害製造が湿式法で実現できました。

その後、湿式法は無公害の赤色酸化鉄顔料の製造にとどまらず情報化社会のニーズに応えて種々の酸化鉄を合成することができました。

第5章

情報化社会をつくった鉄鋳

24 大量の情報を記録する鉄錆

磁気記録とは、必要な情報を電子回路で電気信号に換え、さらに磁気ヘッドで磁気信号に換えて磁気記録媒体に磁気信号として記録することです。また、記録信号を再生する際には、再生磁気ヘッドで磁気記録媒体の磁気信号を読み出し電気信号に換えて記録情報を取り出します。

磁気記録装置の磁気ヘッドにはソフトフェライトの電磁石コアが用いられます。また、磁気記録媒体には種々ありますが、例えば磁性酸化鉄を用いた磁性塗料をベースフィルムに塗布した磁気テープがあります。

磁気記録には「水平磁気記録方式」と「垂直磁気記録方式」があります。

水平記録方式とは磁気テープ誕生以来の方式であり、磁気記録媒体の磁気信号を横に並べて記録する方式です。記録信号は1信号が一対のN極とS極からなる棒磁石で、信号はその長さの違いで示されます。

磁気信号の棒磁石は、記録媒体中で【N極－S極】の隣の棒磁石は【S極－N極】と同極が向き合う関係で記録されていきます。記録密度が上がると隣接の棒磁石同士が接近し過ぎて減磁作用により磁力が低下するので、水平磁気記録方式には原理上から記録密度に限界がありました。しかし、磁気記録の歴史は記録密度向上の歴史でありました。

垂直磁気記録方式は磁気記録密度向上を極めた方式で、１９７５年に東北大学の岩崎俊一教授により提唱されました。この方式は磁気記録信号の棒磁石の並べ方を従来とは換えて縦に並べる方法でした。このようにすると、磁気信号の棒磁石は【N極・S極】の隣の縦に並んだ棒磁石は【S極・N極】と異極が重なり合う関係で記録されていきます。記録密度が上がると隣

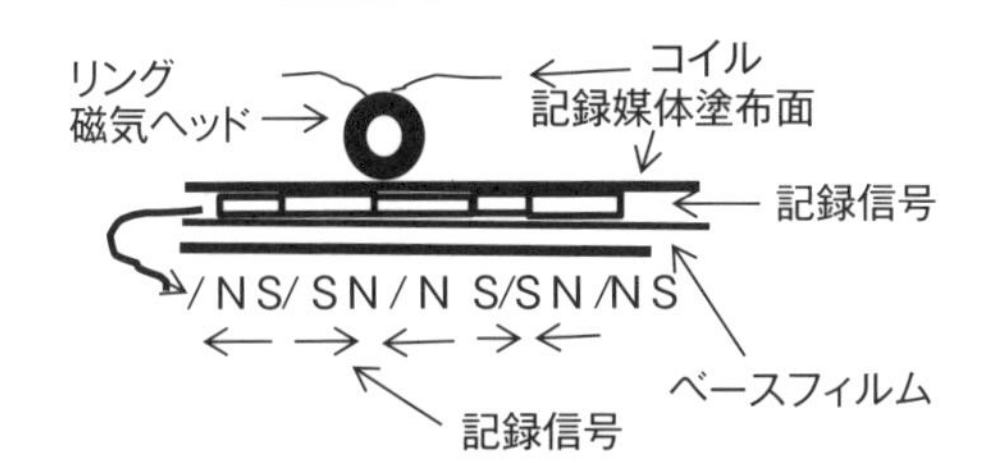

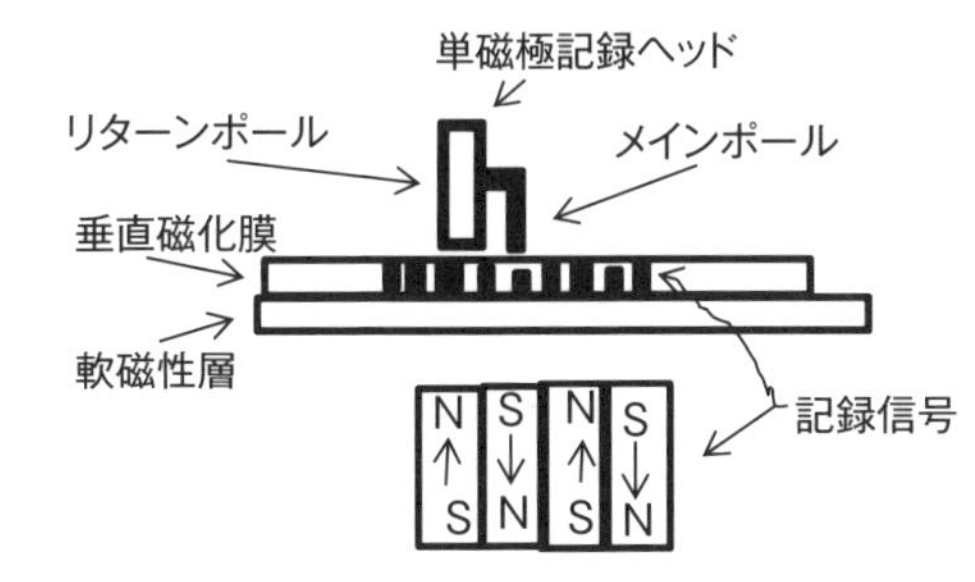

＊メインポールの磁束は垂直磁化膜を通り、さらに、軟磁性膜を通り、再び垂直磁化膜を通ってリターンポールに戻る。

接の棒磁石同士が接近して相補的作用（お互いに引き合う力が働くこと）により磁力が強化されるので、原理的には磁器記録密度を際限なく向上させることができる方式です。

この方式は世界中で実用化が検討されました。しかし、実用化には困難な課題が多く商品化は容易でなかったのですが、２００４年、東芝はついに世界初の垂直磁気記録方式で世界一の高密度記録容量のハードディスクドライブ（ＨＤＤ）の商品化に成功しました。今後、この高密度ＨＤＤがパソコンをはじめオーディオ、ビデオなどのデータストレージとして普及することが予測されています。

この磁気媒体の磁性体は鉄白金、白金コバルト、白金クロムコバルト系の合金薄膜が用いられる一方、白金を使わない材料のサマリウムコバルト、マンガンアルミニウム、マンガンガリウムも検討されており、最近、筑波大学の研究グループはコバルトフェライトの垂直磁化膜の合成に成功しました。垂直磁化記録方式が提唱されてから30年が経過しましたが、なおも本方式の可能性を追求する研究開発が進められています。

25 オーディオテープに使われる鉄錆

磁気録音テープの元祖はピアノ線でした。デンマークのポールセンが１９００年開催のパリ万博で出展した「テレグラフォン」という音声の録音再生装置は、ピアノ線を磁気記録媒体とし直流バイアス方式で録音再生する磁気記録再生装置でした。テレグラフォンは20世紀初期から塗布型磁気テープが出現するまで約半世紀にわたり実用されていました。まさに磁気記録装置の元祖でした。

再生した音声は良好でしたが、ピアノ線が切れやすいという問題がありました。この問題を契機に音声録音再生に関する研究が盛んになり、やがてドイツのフロイマーの磁気録音テープの発明により、ピアノ線から磁気テープへと転換していきました。

１９４１年、アメリカのカムラスは磁気録音テープ用針状磁性酸化鉄粉の製造法を発明して現在の塗布型磁気テープの基本技術を完成しました。

カムラス特許は、磁気録音テープ用針状酸化鉄粉の製造法と、得られた磁性粉をＰＥＴフィルムに塗布した磁気テープから成ります。

磁性酸化鉄粉の製造法は、黄色酸化鉄顔料を原料にして黄色顔料成分の含水酸化鉄粒子ゲータイトの針状形態を崩さないように加熱して針状赤色酸化鉄（赤錆）へマタイトとした後、水素ガス中で加熱還元して針状黒色磁性酸化鉄（黒錆）マグネタイトとし、この黒色磁性酸化鉄を空気中で加熱酸化して赤褐色の針状磁性酸化鉄粒子マグへマイトを得るという方法です。

磁気テープの製造法は、磁性粉製造工程で得られた針状磁性酸化鉄粒子マグへマイトを樹脂バインダーに分散混合して塗料化して得た磁性塗料をＰＥＴフィルム上にマグへマイトの針状粒子を配向させ均一な厚み

磁気テープ用針状磁性酸化鉄粉の製造工程

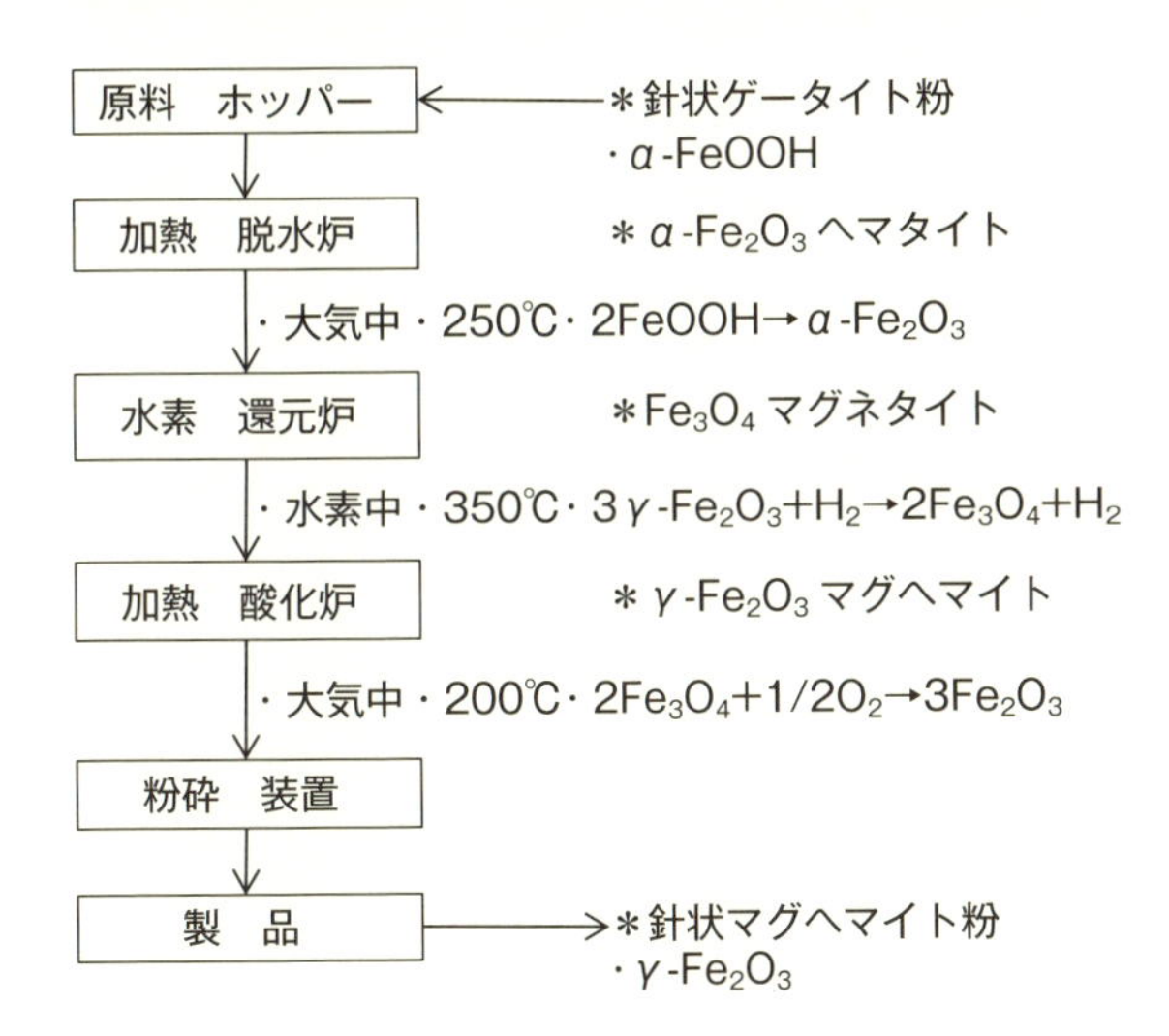

磁気テープの製造工程

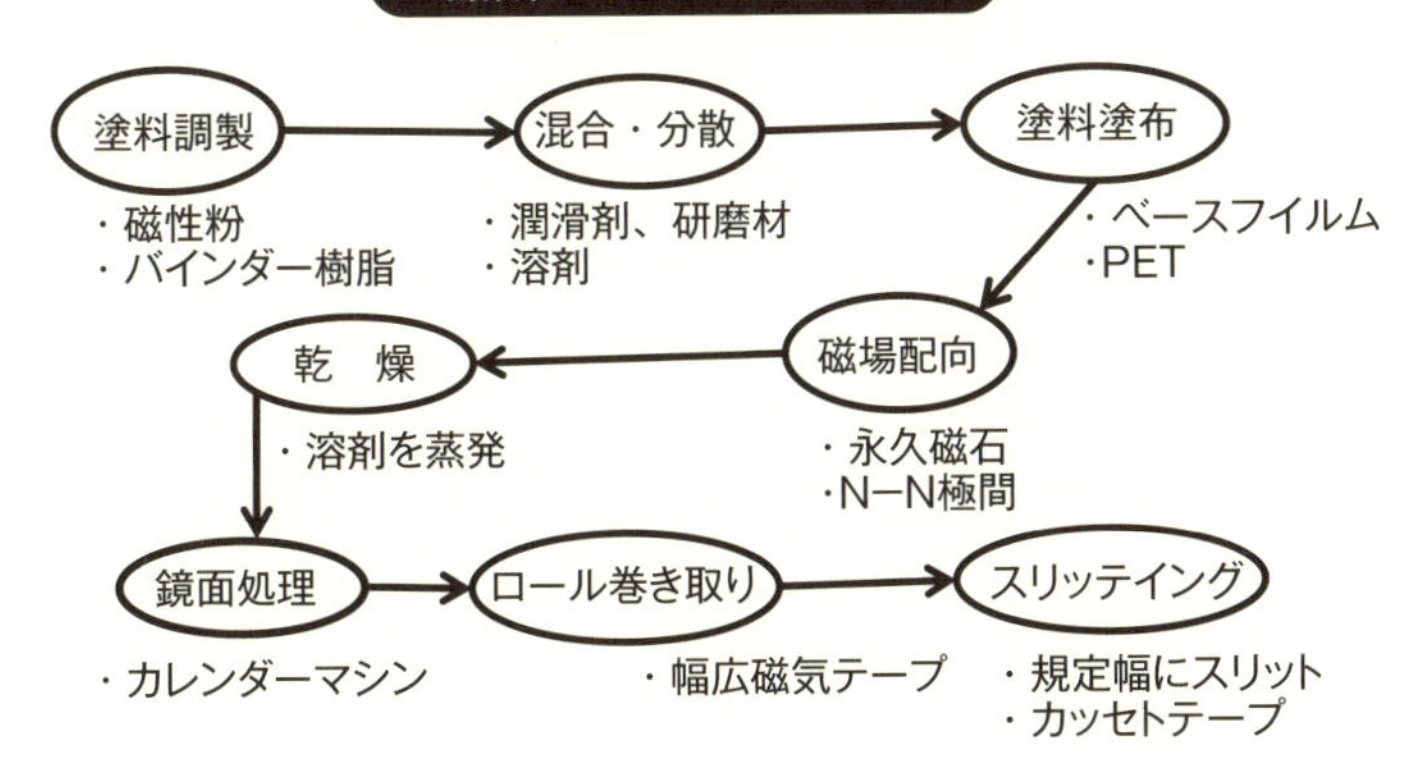

に塗布し、乾燥したフィルムを磁気テープのサイズに裁断する工程から成ります。この方法は現在も磁気テープ製造の基礎技術になっています。

同じ頃、磁気記録再生装置も直流バイアス方式から交流バイアス方式へ、磁気ヘッドは棒型からリング型へと開発が進み、磁気記録再生装置の原型ができました。この時の交流バイアス方式は永井健三・東北大学教授らによる発明でした。

磁気テープの実用化は、1940年初頭にアメリカの3M社から発売されたアセテートフィルムに黒錆のマグネタイト磁性粒子を塗布した「No.110」と、マグネタイトから転換したマグヘマイト磁性粒子を用いた「No.112」で始まりました。日本においては、NHK技研を中心に3M社製の前記2種類の磁気テープの電磁気特性を標準にして録音テープと磁気録音デッキの国産化に着手していました。

放送用デッキ（録音再生装置）はオープンリールの磁気テープを使用したので、民生用に発売されたポータブルデッキは、ポータブルとはいえ四角いボストンバッグの大きさで磁気テープも7インチのオープンリールに巻いてありました。しかも高価であったので民生用とはほど遠く庶民には高嶺の花でした。

1950年にラジオのステレオ放送が開始された頃、ソニーから発売された取材用可搬型テープレコーダーのデンスケ（録音機）は、可搬用でしたがオープンリールテープが用いられていました。

その後、1965年にフリップス社がコンパクトカセットテープの特許を公開したことにより、オーディオオープンリールテープのカセット化が急速に進み、軽薄短小の社会ニーズともマッチしたので、「ウォークマン」などの小型テープレコーダーが人気を集めて磁気テープ市場の規模が一挙に拡大して新しい磁気テープ工業が勃興しました。

1960年代に出現したカセットテープは、レコード業界に大きな変革を起しました。カセットテープはレコード盤より取り扱いやすいことに加え、音楽テープの再生音もレコード盤と遜色ないことがわかり、レコード盤ファンたちのレコード離れが始まりました。

1970年代になると磁気テープの高性能化が矢継ぎ早に始まりレコード店は磁気テープであふれまし

オープンリール式テープレコーダ

た。
ノーマルポジションのローノイズLNテープ（マグヘマイト粉使用）に加えて、ハイポジションテープのローノイズハイアウトプットLHテープとしてクロムテープ（二酸化クロム磁性粉使用）、コバルト系テープ（コバルト被着マグヘマイト粉使用）、フェリクロムテープ（マグヘマイト粉と二酸化クロム磁性粉の2層塗布型）、そしてメタルテープ（針状鉄粉使用）などの高性能音楽テープの商品が店頭を飾りました。
一方、テープデッキも高性能化が進み、テープヒスノイズ（潜在ノイズ）を削減するドルビーシステムを搭載したデッキで、ノーマル、ハイポジ、クロム、メタルの各テープポジションに切り換えて録音再生する機種が発売されるなど音楽テープ業界は一段と発展しました。
そして、酸化鉄工業は、それまでの着色顔料粉メーカーから磁気テープ用磁性酸化鉄粉メーカーへの大きな転換期を迎えました。

26 ビデオテープに使われる鉄錆

ＮＨＫのテレビ放送が開始した１９５３年、ソニーとアメリカのアンペックス社が回転式４ヘッド方式のビデオテープレコーダーＶＴＲの生産を開始したことを相次いで発表してビデオ時代の幕が開きました。

１９６０年、ＮＨＫがカラーテレビ放送を始めると、ＶＴＲは新たに１ヘッド・ヘリカルスキャン方式や１・５および２ヘッド方式などの各方式のＶＴＲが国内の各社から発売され、富士写真フイルムによりビデオテープの国産化が開始されるなど、ビデオ市場が形成されました。しかし、いまだＶＴＲ装置が大型で磁気テープも３インチ以上の大きなリールに巻かれたオープンリールで、主にテレビ放送のプロが用いたので一般消費者には遠い存在でした。

１９６６年に針状磁性酸化クロム粉を用いたクロムテープがデュポン社から発売されました。このテープは針状磁性酸化鉄粉を用いた従来の磁気テープより電磁変換特性が格段に優れていたので、鉄錆の針状磁性酸化鉄粉にとっては強敵でした。

１９７０年になると３／４インチ・カートリッジ方式のカラーＶＴＲのＵ規格が決定されてホームビデオ時代を迎えました。ソニーはいち早くホームビデオの「ベータマックス」を発売しました。このビデオテープは針状磁性酸化クロム粉を塗布した「カートリッジに収められたクロムテープ」で、ホームビデオテープ第１号でした。

ソニーはアメリカのデュポン社からクロムテープに関する特許権の独占的な契約の下に製造していましたが、針状磁性酸化クロム粉を製造している会社は国内にはまだありませんでした。

針状磁性酸化鉄粒子の表面にコバルトフェライトの

薄い層を被着する方法が研究されて「コバルト被着型針状磁性酸化鉄粒子粉」が開発されました。この磁性粉を用いたビデオテープの電磁変換特性はクロムテープの特性を凌駕していました。

１９７６年に日本ビクターが「ＶＨＳ規格」ＶＴＲを発売した時、「カセットに収められたコバルト被着型磁性酸化鉄テープ」がありました。

ここに規格が異なる２種類のホームビデオが誕生しました。しかし、規格が違うだけではなくカセットの大きさや磁気テープのビデオデッキへのローディング方式などにも違いがありました。カセットの大きさではベータマックスがソニーの手帳サイズであるのに対して、ＶＨＳはそれより大きくて弁当箱の大きさといわれました。

カセットテープをビデオデッキにセットして録音録画再生をする際には、カセットの中に収まっている磁気テープが供給リールから自動的に引き出されて磁気ヘッド・ドラムに密着してピンチローラーや回転ローラーでテープを走行させることにより録音録画再生を行い走行するテープをカセット内の巻き取りリールに

VHS方式
パラレル（M型）ローディング

磁気ヘッド・ドラム
インピーダンスローラー
ポールキャッチャー
オーディオヘッド
磁気テープ
カセット
供給リール
巻き取りリール

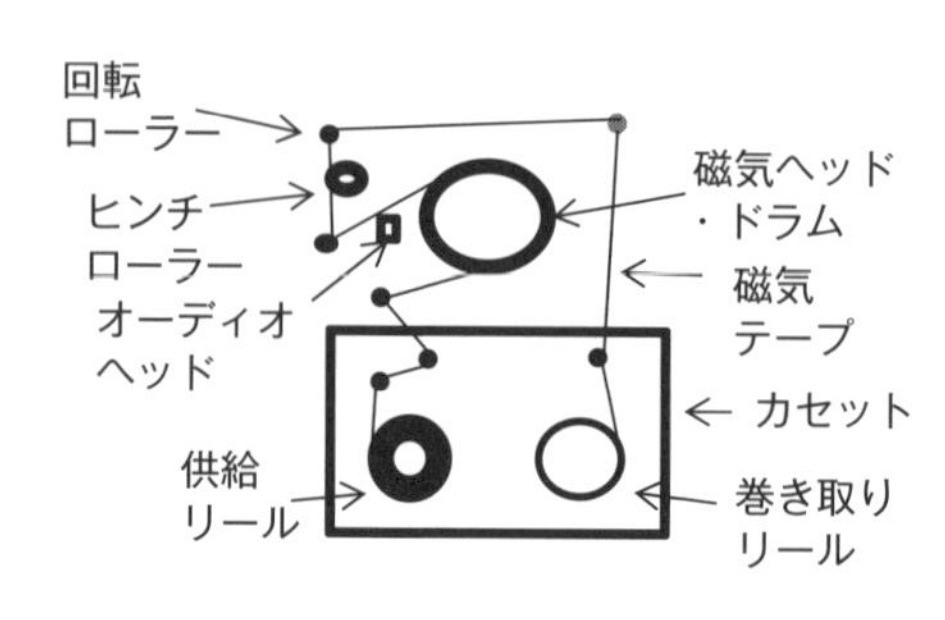

巻き取るテープのローディングシステムも異なっていました。ベータフォーマット方式はロータリーU型ローディングであり、VHS方式はパラレルM型ローディングでした。その当時、録音テープはレコード販売店のレコード陳列棚に並べて販売されていました。

ホームビデオテープが商品化されるとビデオテープコーナーが設けられて、ベータマックステープは店の中央に飾られていました。VHSテープも後発商品でしたがベータテープと並べて販売されていました。しかし、ベータテープが圧倒的に広い場所で大量に陳列されていました。このような光景がしばらく続きましたが、やがてベータテープの陳列量とVHSテープの陳列量が逆転するようになり、ある日突然ベータテープは店頭から消えました。

ベータマックスが大衆から離れていったのはなぜでしょう。クロムテープはプロや愛好家の間で今でも人気がありますが、大衆が離れていくのには日本の風土が関係しているという見方もあります。その後、VHS規格品がホームビデオ商品として全世界に流通するようになりました。

27 磁気トナーに使われる鉄錆

日常目にする電子複写機やプリンターのルーツは、1938年にアメリカのカルーソンが発明した電子写真の基礎技術にありました。当時のアメリカではゼロックス社により電子写真の実用化が進められ、感光ドラムやトナー材料、および帯電・現像・転写などに関する多様な技術開発が行われ、多くの特許と製品が開発されました。

1960年に普通紙複写機ゼロックス914が完成しました。これは次の7つの工程からなる複写機でした。

①感光ドラムが1回転する間にドラム表面全体をコロナ放電して静電気を帯電させる帯電工程
②原稿の画像を回転するドラム上に連動して投影する露光工程
③導電性の非磁性トナー粒子と磁性キャリア粒子の混合物を撹拌して摩擦帯電させ、磁気ローラーでドラム表面の帯電部分にこすり付けてトナーで潜像を可視化する現像工程
④ドラムと転写コロナ放電電極の間に紙を通してドラム上の画像を紙に写す転写工程
⑤紙上の静電気をコロナ放電電極で交流電圧を印加して紙とドラム表面の吸引力を弱めて紙を取り出す分離工程
⑥紙に熱と圧力をかけてトナーを紙に固定化する定着工程
⑦分離工程でドラムに残ったトナーをクリーニングブレードで完全に落とすクリーニング工程

この製品はカールソン方式の電子写真技術を実用化した製品第一号でしたが、開発までには約20年かかり、困難な課題が多かったことを物語っています。この複

写機が発売されると、それまでの湿式複写方式（芳香族ジアゾニウム塩の光分解反応を利用した、いわゆる「青焼き」）の複写機市場を一変させて世界中に普及しました。

日本においてはアメリカのゼロックス社より約20年遅れて1979年に「乾式一成分ジャンピング現像方式」をキヤノンが開発してNP-200Jを発売しました。電子写真技術を応用したこの複写機は、それまでのゼロックス社が張りめぐらしていた膨大な世界特許網の呪縛から解放された画期的な製品でした。

NP方式のプリントは、次の5工程から成ります。

①感光ドラム表面にマイナスの静電気を帯びさせる帯電工程

②レーザー光で感光ドラムに原稿の画像を描く露光工程

③感光ドラムと現像マグロール上のスリーブ間に交流バイアス電流を印加して、絶縁性の磁気トナー粒子をドラムとスリーブ間をジャンピングさせて感光ドラムの潜像を可視化する現像工程

④感光ドラムに用紙を密着させ、用紙の裏面からプラス電荷を与えてトナーの画象を用紙に写す転写工程

⑤トナーを転写した用紙に熱と圧力をかけて用紙にトナーを定着させる定着工程

この複写機はシンプルな構造で小型化と低価格化を実現したので海外からも高く評価され、日本が20年の遅れを取り戻しアメリカのゼロックス社に追い付き追い越した技術で開発した製品でした。

NP方式の絶縁性磁性トナーに用いる磁性体は黒錆の磁性酸化鉄粒子でした。汎用されていた黒色磁性酸化鉄粒子は電気抵抗が低い導電性粒子であり絶縁性磁気トナー用には不向きでしたので、シリカを添加して電気抵抗の高い磁性粒子に改質した黒色磁性酸化鉄粒子が用いられました。

21世紀の今日では、コンピュータ性能の向上により電子複写機やプリンターはデジタル化、カラー化ネットワーク化などの多様な機能の複合化が進みました。そして、レーザープリンターはオフィス事務機として定着し、既存のオフセット印刷も置き変わりつつあります。カールソンの電子写真方式はいまだに進化を続けています。

電子写真プロセスの原理

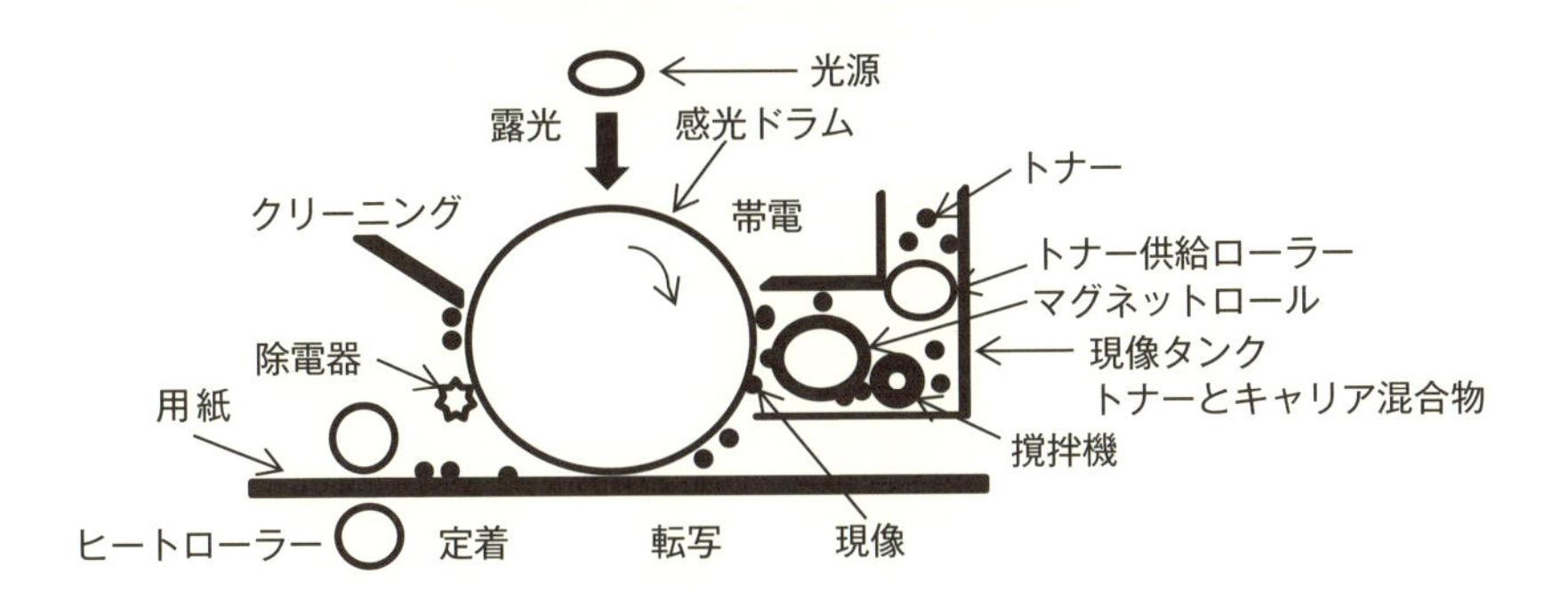

現像方式の比較

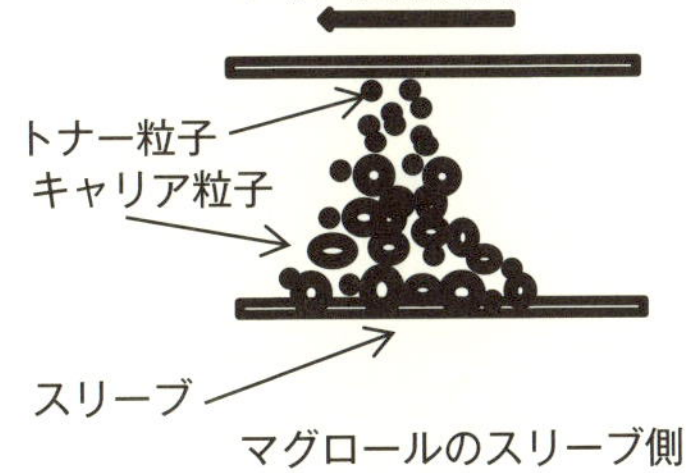

(a) 二成分方式

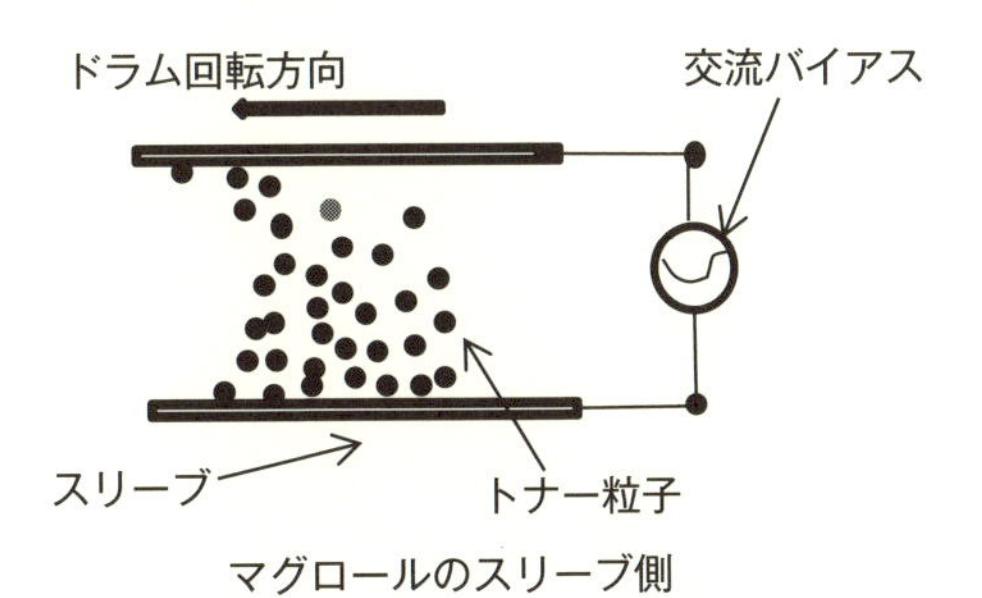

(b) 一成分ジャンピング方式

28 フロッピーディスクに使われる鉄錆

20世紀半ばのコンピュータの発明は情報化社会の始まりでした。その後、記憶容量の高密度化と演算処理速度の高速化を指向して大型化が進む一方で、個人使用の利便性を追求した小型のパーソナルコンピュータ（PC）の開発が進みました。

コンピュータは演算、制御、記憶および入出力の各装置からなりますが、PCの記憶装置には1969年にIBM社が開発した8インチのフロッピーディスク（FD）が記憶媒体の基本として利用されていました

FDは磁気ディスクの一種で、プラスチックの薄い円盤に磁性粒子を片面または両面に塗布した磁気記録盤です。駆動装置から取り外しができることが特徴の記録媒体で、記録円盤の直径でFDの大きさを表します。8インチのFDは紙製のケースに収納されていました。

ワードプロセッサーはコンピュータで文章を入力して編集できるシステムです。英語圏の国ではアルファベットと数字の組合せで、このソフトを容易に開発できましたが、日本語版の実現にはカナの漢字変換ソフトなど開発課題が多く、PC導入前のステップとしてワープロ専用機による技術開発の時代が必要でした。そのためPC導入は英語圏より約10年遅れました。

1981年、ソニーは3・5インチFDを開発し、このFDを内蔵したPCを英文ワープロの外部記録媒体として発売しました。使用した磁性材料はオーディオテープ用の針状磁性酸化鉄粉でした。

その後、記録密度をIBMの8インチFDと同等にするために磁性材料をビデオテープ用コバルト被着磁性酸化鉄粉を採用して記録密度を4倍に高密度化した高密度3・5インチのFDを開発しました。この小型

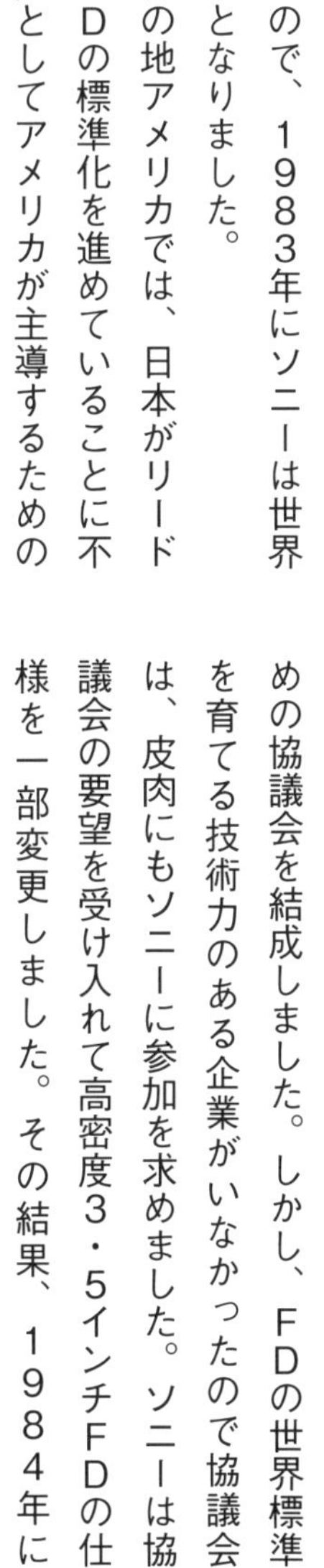

高密度FDは世界中のPCメーカーにPC搭載記録装置として採用されたので、1983年にソニーは世界最大のFDメーカーとなりました。

　この時、PC発祥の地アメリカでは、日本がリードして3・5インチFDの標準化を進めていることに不満があり、対抗処置としてアメリカが主導するためのFDメーカーが14社集合してFDに関する標準化のための協議会を結成しました。しかし、FDの世界標準を育てる技術力のある企業がいなかったので協議会は、皮肉にもソニーに参加を求めました。ソニーは協議会の要望を受け入れて高密度3・5インチFDの仕様を一部変更しました。その結果、1984年にISO会議で規格が承認されました。その後、IBMやアップルコンピューターなど世界各国のPCメーカーで採用されました。

　しかし2000年代になると、情報機器はPC中心からタブレットやスマートフォンへと移行し、記憶媒体も大容量化と軽薄短小化が進んで激変しました。このような時代の流れで、永年PCの標準装備の座にあったソニーの小型FDも2011年に生産を終了し、その他のメーカーもFD生産から撤退しました。この時、1980年代から織物の紋紙（紋衣装図）をFD化していた西陣織の織機が使えなくなるなどの産業への影響が懸念されましたが、需要が低下してもFDはなくなりません。FDの記録媒体としての特徴は現在も情報機器が必要としているからです。

29 磁気カードに使われる鉄錆

1975年に国際標準化された磁気ストライプカードは、今日ではキャッシュカードやクレジットカードとして日常生活のいろんな場面で使われている生活必需品です。磁気カードの磁性体原料も鉄錆の磁性酸化鉄粒子です。

磁気ストライプカードは、大型コンピューターのデータストレージ（データ貯蔵庫）用として磁気テープが実用化した1960年初頭に、IBM社の1人の技術者が発案したプラスチックカードに磁気テープを貼り付けるというアイデアから生まれました。携帯に便利な磁気ストライプカードは銀行のマネーカードや公共施設の個人情報管理用磁気カードとして需要が増大しました。

磁気ストライプカードの情報の読出しと書込みを行うリーダーライター装置は、オーディオテープデッキと同じ原理で磁気カードを磁気ヘッドに接触させてカードの情報を記録再生します。この装置はATM（現金自動預け払い機）などの磁気カード利用機器に内蔵されています。

磁気カードの磁気記録情報は、記録した磁力よりも大きな磁力の磁石を近づけると、カードの大切な磁気記録情報が消失します。身近にある磁力の原因にハンドバッグの留め金磁石や携帯電話機などがあります。このような事故を防止するためには磁気カードをこれらに近づけないように注意する必要があります。他のケースとして、トラックのドライバーが高速道路の入り口料金所で発行された磁気カードを他の伝票類と一緒に重ねてダッシュボードの上に書類止めマグネットで止めたために磁気の記録が消えてしまい、高速道路の出口料金所でトラブルになる事故が多発しました。

磁気ストライプカードと全面磁気カード

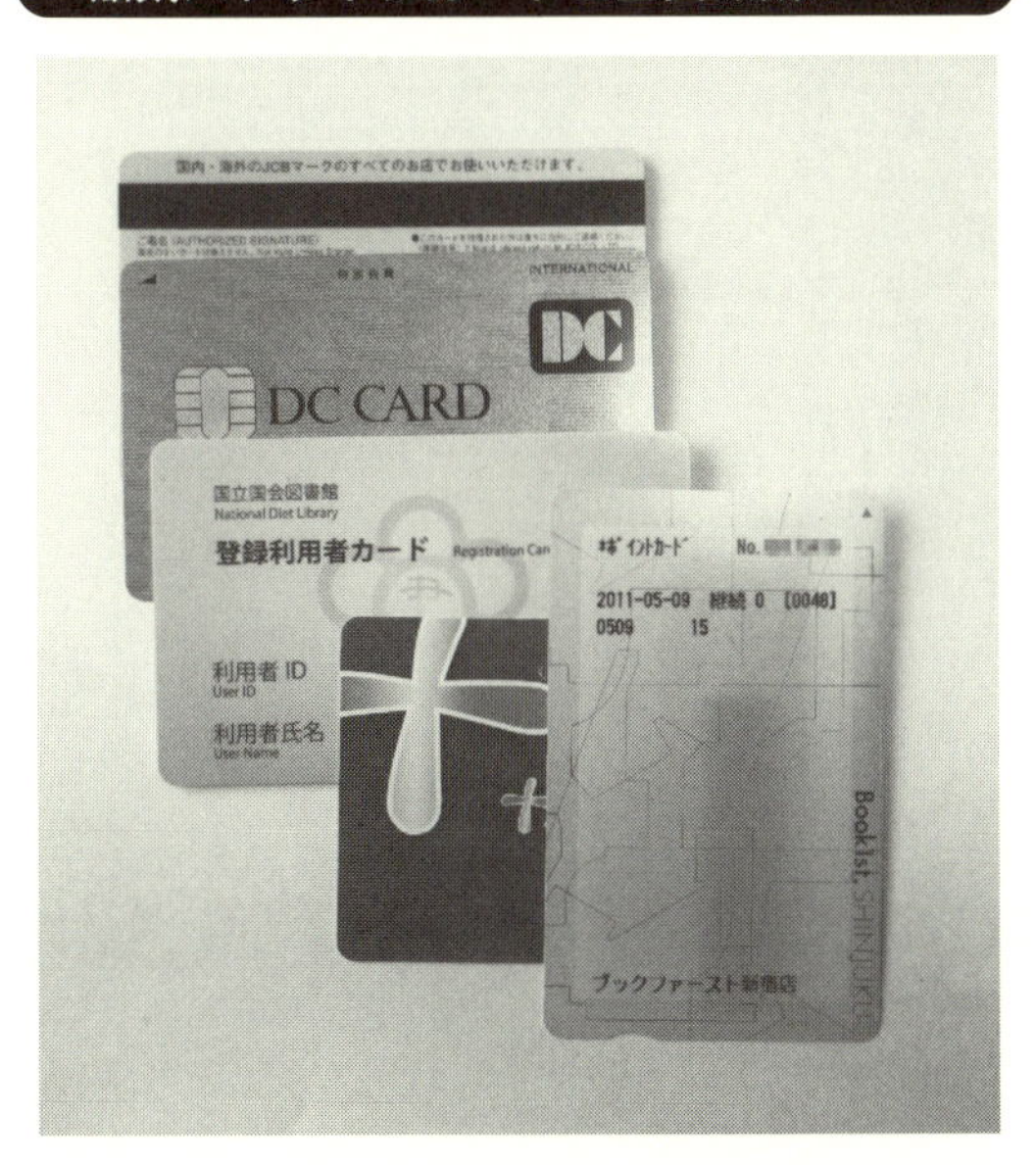

磁気カードの種類と構造・特徴・主用途

<table>
<tr><th>磁気カードの種類</th><th>カードの構造</th><th>特徴と主用途</th></tr>
<tr><td>磁気ストライプカード</td><td>磁気 PET カードに
高保磁力磁気テープを付加</td><td rowspan="2">＊国際規格あり。
＊主な用途
キャッシュカード
クレジッドカード
会員カード</td></tr>
<tr><td>ハイブリッドカード</td><td>磁気ストライプカードに
IC チップを付加</td></tr>
<tr><td>磁気 PET カード

リライダブル
磁気 PET カード</td><td>PET カードの裏面が
磁性酸化鉄塗膜の磁性層

PET カード表面の記載情報を
書き換えできる磁気カード</td><td>＊書き換え可能
＊主な用途
ポイントカード
プリペイドカード</td></tr>
</table>

トラックのドライバーがダッシュボードの上に伝票類をマグネットで止める習慣を変えることは困難でしたので、１９８０年代に磁気カードの保磁力（周辺からの磁力に対抗して磁気記録信号を保持する力）を汎用の永久磁石より5倍以上大きくするために、デジタル記録特性に優れた磁性粉として開発された六方晶バリウムフェライト微粒子粉を使用して保磁力が書類止めマグネットよりも大きな磁気カードが開発され、磁気カードそのものの磁力を大きくして対処しているので最近では事故は減少しています。

　また、記録情報が漏洩する問題があります。これを防止するための安全対策として暗証番号や指紋照合などの処置が採られていますが、このことにより磁気カードの記録情報量が増大するので磁気カードの記録密度を向上させる高磁力磁性材料を用いています。

　しかしながら、情報化社会が進展する中で情報漏洩や偽造を防止して情報の安全性を高度に確保する必要性がますます増大した時、磁気ストライプカードの処理能力をはるかに超える半導体チップの中に記憶素子と演算処理装置を備えた集積回路から成るＩＣカードが出現しました。この時、磁気ストライプカードとＩＣカードとのハイブリッドカードが誕生して銀行業務のセキュリティーが一段と強化しました。

　そして情報化社会が発展するに従って磁気カードも多様化していきました。

　１９８０年代には、裏が全面磁気層の全面磁気カードがプリペイドカードやポイントカード、テレホンカードなどとして普及しました。このカードは磁気ストライプカードと比べると、書き込める情報量は同じで厚みが半分以下の薄型で柔軟性のあるハンディな磁気カードであり、加えて単価が安いという特徴がありました。また、磁気カードの表面にマークや数字を書き足すことも書き換えることもできるリライト式磁気カードなどがあり、利便性やコマーシャル性などからデパートやコンビニ、レストランや書店などがプリペイドカードやポイントカードを発行して全面磁気カードの需要が増大していきました。

　これらの磁気カードは、情報化社会の情報伝達媒体としてＩＣカードと共存しながらこれからも活躍し続けるでしょう。

30 磁気切符に使われる鉄錆

自動改札機の磁気切符には鉄錆の磁性酸化鉄粉が使われています。

自動改札機が最初に導入されたのは1927年に東京の地下鉄銀座線が開業した時でした。この時代の改札機は、硬貨を直接投入して回転腕木を回して入場するターンスタイルと呼ばれる方式でした。その後、光学読取り式改札機の時代を経て、1971年に日本鉄道サイバネテックス協議会が磁気乗車券の磁気コードを標準化したことにより、現在の磁気切符を用いる自動改札機が実用化されました。

改札業務は、乗車券を発券する「出札」、入り口でチェックする「改札」、出口で利用した切符を回収する「集札」の業務から成ります。自動改札システムでは、「出札」業務を「磁気切符自動券売機」が行い、「改札」と「集札」業務を「自動改札機」が行います。

「磁気切符自動券売機」は、次のようにして「出札業務」を行います。

磁気切符自動券売機を用いて利用者が旅行先や列車の種類など発券に必要な条件をタッチパネルで入力し、必要金額のお金を投入すると、自動券売機の中では最初に利用者が投入したお札や硬貨の真贋を識別し金額を確認します。次に、利用者が入力した発券に必要な条件と料金の情報をCPU（中央演算処理装置）が総合判断して発券ユニットに発券を命令します。発券ユニットはCPUの命令に従ってロール巻磁気切符台紙を用いて、表の紙面には行き先や日付などを随時印刷し、裏の磁性塗膜面には利用者が入力した旅行情報を磁気ヘッドで記録して作成した磁気切符をロール台紙から切り取り、自動的に磁気切符を発券する「出札業務」を行います。

発券された磁気切符の裏面は茶褐色または黒色の2種類があります。これは、磁性塗膜に用いた鉄錆の磁性酸化鉄粉の種類が違うからです。黒色の切符に使われる磁性酸化鉄粉は黒色で磁気特性の保磁力が茶褐色の磁性酸化鉄粉よりも大きいので、より多くの磁気情報を記録できます

通常は、従前の自動改札機のシステムには茶褐色の磁気切符を用い、多機能化した最近の自動改札機には記録密度が大きい黒色の磁気切符を用います。

茶褐色の磁気切符にはオーディオテープ用の針状磁性酸化鉄粉が、黒色の磁気切符にはビデオテープ用針状磁性酸化鉄粉が用いられています。

自動発券装置に設置されている貨幣識別装置は一般の自動販売機内で貨幣識別を行う装置と同じです。

硬貨の識別にはコインメックと呼ばれるユニットが、紙幣の識別にはビルバリデータと呼ばれるユニットが使われています。これらのユニットには、投入されたお金の種類を識別し金額を計算してお釣りを支払う機能はもとより、自動販売機で最も重要とされる偽造硬貨や偽造紙幣を識別する機能があります。

偽造判定方法の詳細は公表されていませんが、紙幣の偽造判別装置は光センサーと磁気センサーを備え、紙幣投入口に指し込まれた紙幣をベルト機構によって内部に引き込み、一定速度で搬送しながらセンサーで表面を検査して情報を収集します。光センサーは紙質を検査し、磁気センサーはあらかじめ記憶されている金種の磁気データに合致するか否かを判定して紙幣の真贋を判別する装置です。この検査に合格して初めてCPUの命令により発券ユニットが磁気切符を発券することができます。

この重要な真贋判定のカギは、紙幣に記憶された磁気データです。このデータの印刷には、黒錆の黒色磁性酸化鉄粉を原料にした磁性インキが用いられています。黒錆がお札の磁気記号になっていました。

「自動改札機」は、次のようにして「改札と集札業務」を行います。

自動改札機は、磁気切符の投入口と返却口の間に磁気切符の搬送部とCPUの情報処理部、およびフラップドアと呼ばれる扉と乗客の通路からなる装置です

入場の際は、乗客が磁気切符を投入口に投入すると

自動券売機の仕組み

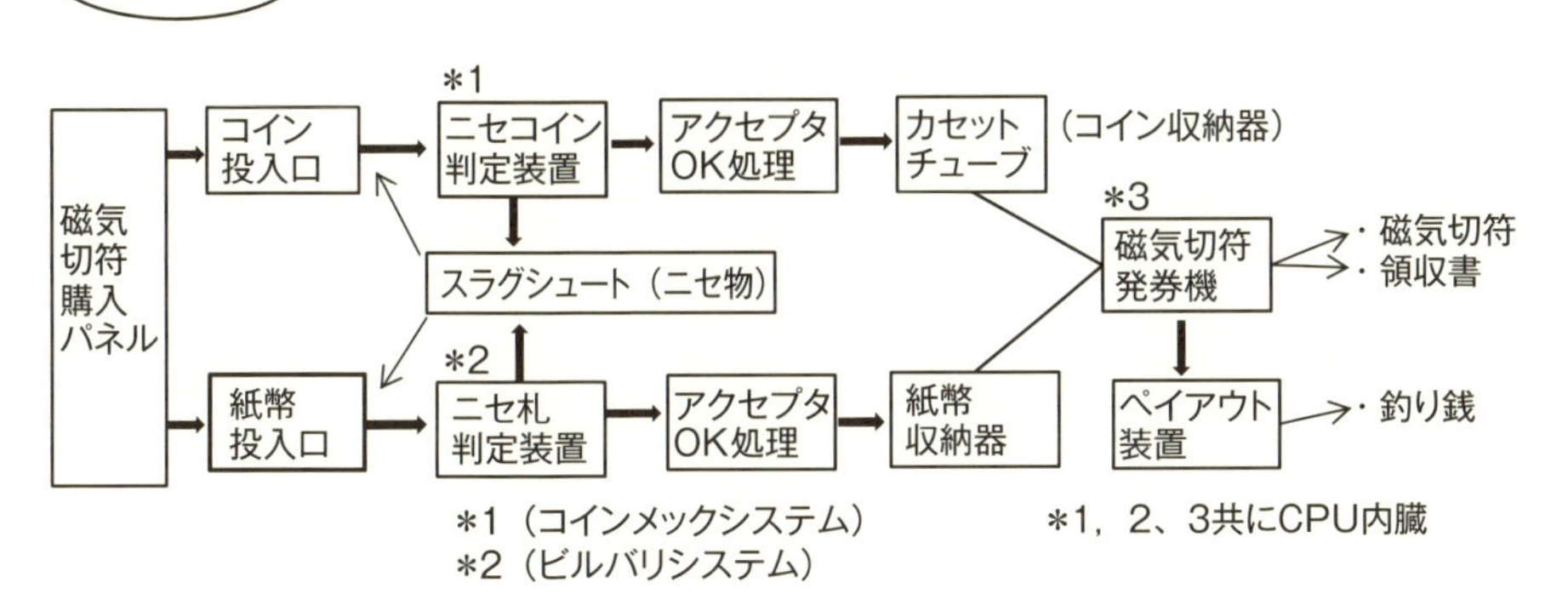

自動改札機の仕組み

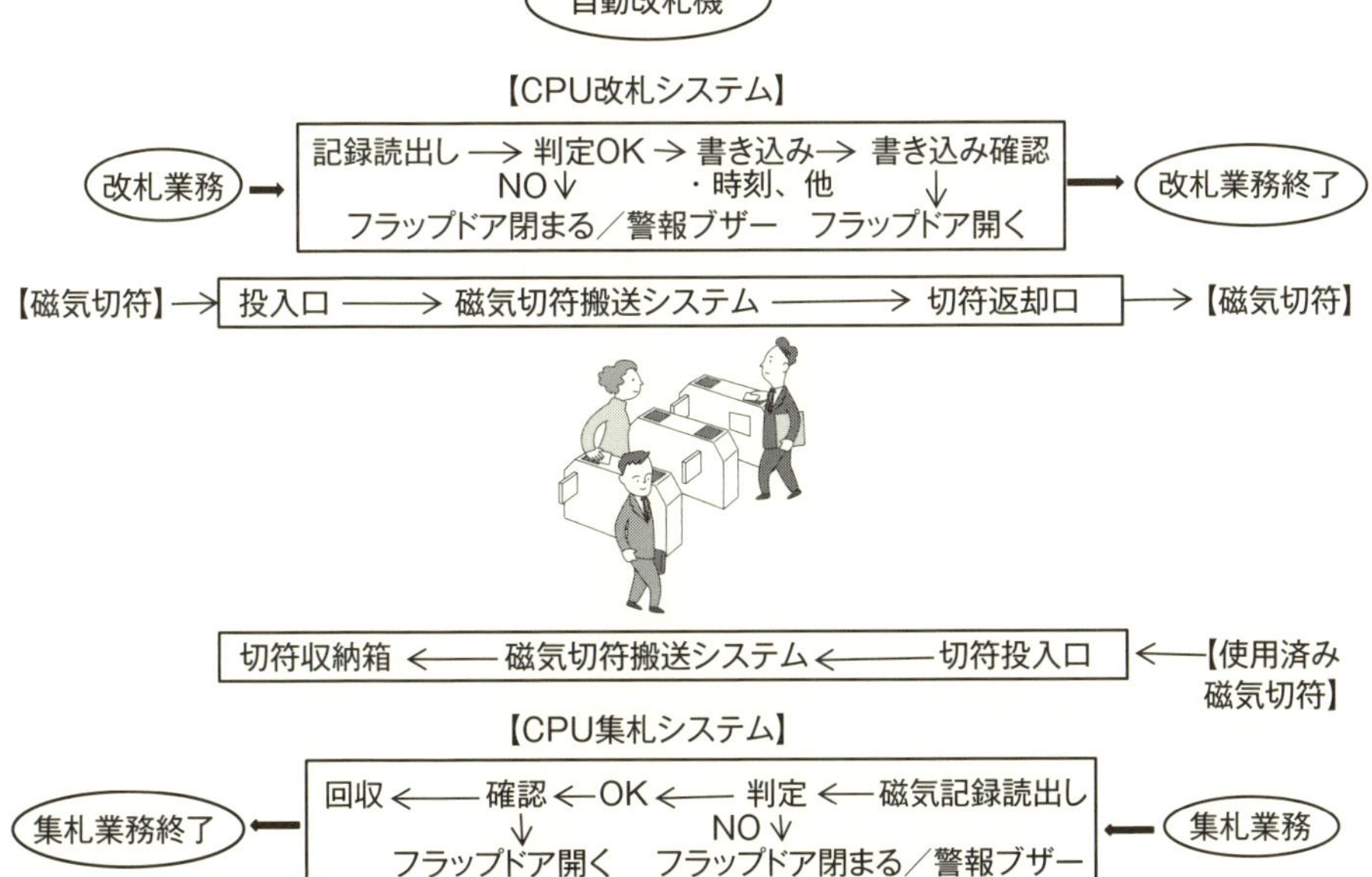

返却口から瞬時に切符が排出し、同時にフラップドアが開きます。この間に移動した磁気切符は裏面の磁気情報を読み取り、ヘッドと書き込みヘッドにより改札のための情報処理が行われ、表面は入場時刻などを瞬時印刷機で印字しパンチ穴をあける処理などの「改札業務」が行われます。出場の際は、乗客が磁気切符を投入口に投入すると確認ヘッドが瞬時に検札して、確認できれば切符は回収箱に収納して「集札業務」が行われ、同時にフラップドアが開きます。不正が確認された時には警報ブザーが鳴ってフラップドアは開きません。

このようにして改札業務が行われる自動改札機は、磁気切符に入力した磁気情報を複数の磁気ヘッドとCPUで処理する改札システムであり、改札業務を自動的に行うことを可能にした装置です。

自動改札機は大都市圏の通勤通学のラッシュアワーの混雑を解消する手段として開発が始まりました。しかし、現在のように自動改札機が実用化されるまでには長い時間がかかりました。

1970年、当時の国鉄が関東地方の一部地域で試験的に導入したのが始まりでしたが、自動改札機は駅員の合理化につながるとして懸念されたため実用化には至らず、本格的に導入されたのは国鉄分割民営化が行われて以降でした。

1990年代になってJR東日本により自動改札機の導入が始まりましたが、その間の関東地方では1972年に横浜市営地下鉄が開業と同時に全線で自動改札機を導入しました。一方、関西地方では私鉄や地下鉄が自動改札機の導入に積極的で、1980年代には多くの駅に設置されました。しかし、JR西日本が自動改札を取り入れたのは1997年以降で、私鉄や地下鉄よりも20年遅れていました

このような歴史を経て現在の自動改札機は新幹線をはじめ全国の私鉄、地下鉄、バス、船舶、航空など多くの交通機関で地方の無人駅の改札口にも設置されるようになりました。自動改札機も磁気切符とSUICAなどのICカードとの併用機に移行しつつありますが、鉄錆の磁性酸化鉄粉を用いた磁気切符は自動改札機と共に使い続けられることでしょう。

第6章

未来産業へと続く鉄錆の新機能

31 磁性細菌がつくる黒錆を医療分野に利用

走磁性細菌は、鞭毛で水中を泳動する磁性細菌です。

1975年、アメリカで土壌細菌の研究をしていたブレークモアが土壌から採取した細菌の顕微鏡観察をしていた時、水滴中に分散した細菌の中に北の方角に鞭毛で泳動する円筒状の細菌がいることを偶然発見しました。この細菌は、発見当初は珍しさがありましたが、やがて周辺の池の泥の中にも生息していることが知られるようになると世界中で多くの研究者たちがこの細菌の研究を始めました。

その結果、この細菌は地球上至る所の淡水中の泥の中に分布していることが明らかになりました。そして、体長数μmの円筒状菌体の中には数珠状に連結した十数個の微細な磁石があり、この磁石を磁気センサーにして地磁気を感知しながら、赤道より北側に生息する細菌は北極を、南側に生息する細菌は南極を目指して泳動することが観察されました。

この細菌は、水面から離れた酸素が少ない還元層の泥の中で生活しています。地磁気に沿って移動するのは、地磁気の伏角（水面から下向きの角度）が極点へ行くほど大きくなるのを利用して、水面深く還元層の生活環境を得るために北（極点）へ泳動するのでした。

この磁石は結晶構造が磁鉄鉱と同一の立方晶のマグネタイトで5～50㎚の微粒子です。走磁性細菌は磁鉄鉱微粒子を体内で合成していたのです。

細菌の体内で脂肪酸などの脂質で被覆された10数個のマグネタイト微粒子が数珠つなぎになっているマグネタイトをマグネトソームといいます。マグネトソームのマグネタイト粒子は、磁性細菌自身が鉄のタンパク質（フェリチンなど）を代謝しながら合成していると考えられていますが、マグネタイト粒子の詳細な生

走磁性細菌

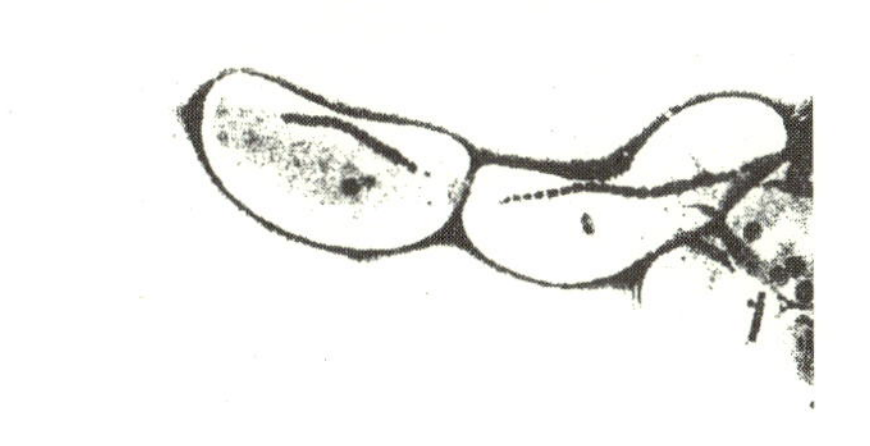

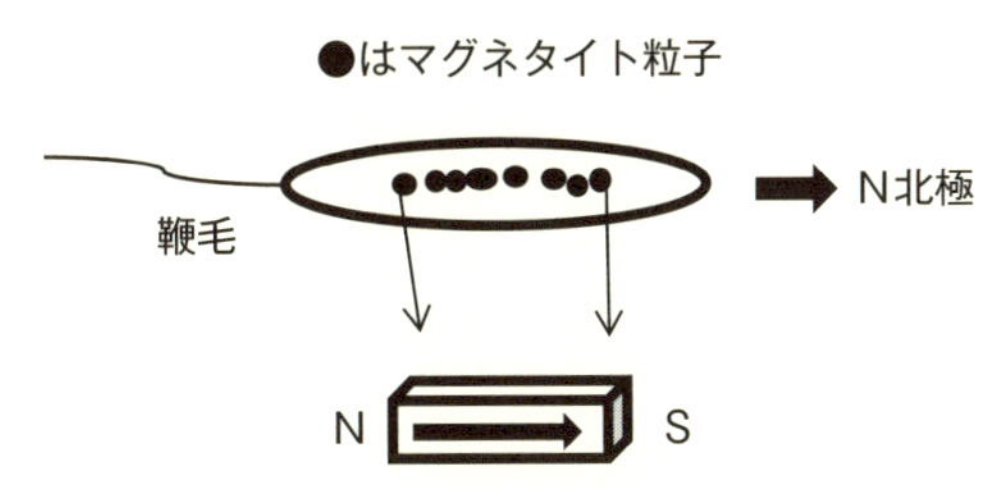

成メカニズムにはまだ不明な点があります。生成したマグネタイトを被覆している薄膜の脂肪酸には、ラウリン酸、ミリスチン酸、パルミトオレイン酸、オレイン酸などが含まれています。

東京上野の不忍の池や京都の宝ヶ池などから走磁性細菌が採取されたのを契機にして日本でも走磁性細菌に関する研究が盛んになりました。特に、走磁性細菌の人工培養と磁性粒子の分離回収に関する研究は世界に先駆けて行われ注目されています。

この背景には、微粒子の新機能を開拓するナノテクノロジーによる技術革新がありました。

マグネタイト微粒子は、核磁気MRIで用いる肝臓造影剤として使用されます。超常磁性酸化鉄SPIO（スーパーパラマグネチックアイアン・オキサイド）は、造影剤中の鉄は正常肝臓のクッパー細胞（自然免疫機能が発達した細胞）には取り込められるが異常な肝臓にはクッパー細胞が存在しないので取り込まれないという性質を利用した造影剤です。このように異常な肝臓は造影されないので、この造影剤を陰性造影剤といいます。

また、薬剤を患部に直接搬送して治療を行うドラッグデリバリーシステム（DDS）のドラッグキャリアとして、マグネトリポソームに加工して用いられます。

リポソームとは親水性部分と疎水性部分をもった両媒性の複合体分子で、内部にタンパク質などを含ませることができます。マグネトリポソームはこの複合体分子中にマグネタイト微粒子を取り込ませて磁性を付与したもので、外部からの磁気誘導により間接的な操作で目的とする患部に薬を内包したリポソームを到達させることができるので、薬の効果を高めることに使用できます。

また、がん細胞を破壊するハイパーサーミア療法の温熱発生体としても使用できます。正常な細胞は45℃に加温しても変化はありませんが、がん細胞は43℃の温度で壊滅します。この性質を利用してマグネタイト微粒子をがん細胞に注入し、この細胞に高周波磁界を照射して細胞中でマグネタイト微粒子を発熱させ、周辺の細胞を43℃に加熱することにより正常細胞は無傷のままで、がん細胞だけを破滅させることができます。

これら医療分野に使用する際にはマグネタイト微粒子の個々の表面を脂肪酸などの有機物質で被覆して薬液にうまく分散するように改質して使用されています。しかしながら、マグネタイト微粒子の表面は親水性なので脂質の有機物とは水と油の関係にあるため、有機物を被覆するには界面活性剤などを使用する必要があります。さらに、マグネタイト微粒子を個々の粒子が均一に分散している単分散状態にすることは容易ではないので、マグネタイト微粒子の表面を有機物質で均一に被覆するには手間とコストがかかります。

この問題は、走磁性細菌を大量培養して磁石微粒子を分離回収して得られる有機物を被覆したマグネタイト微粒子によって解決できると期待が高まっています。

また、磁性細菌には菌体の外側にマグネタイト粒子を生成する細菌がいます。この細菌は増殖速度が速いので大量培養に適しており、有機物を被覆した黒色磁性酸化鉄顔料の革新的な製法として期待できます。

磁性細菌の人工培養に関する研究は、未来産業へと続く鉄錆の進路を示すものです。

32 鉄バクテリアがつくる赤錆で地下水を浄水

冬の尾瀬ヶ原は豪雪地帯ですが、雪解けの季節になると雪原の雪が赤く染まる日が数日続き、赤い雪が消えるともうすぐ春です。地元では、毎年繰り返されるこの現象を「アカシボ」と呼んで春の到来を知ります。

アカシボの発生は謎とされていましたが、最近の研究で赤い雪の正体は、湿原に生息する鉄バクテリアがつくる赤錆であることが判明しました。

尾瀬ヶ原は、コケや植物が酸化しないで腐植となった泥炭地のため低酸素環境であり、二価鉄が水中に安定して存在しています。そのため、二価鉄イオンをエネルギー源として摂取している鉄バクテリアにとっては絶好の繁殖場所であることがわかりました。

鉄バクテリアの繁殖活動では、酸素の代わりに水中の二価鉄イオンを三価に酸化することによってエネルギーを得ています。三価になった鉄イオンは加水分解

鉄バクテリアのパイプ状鞘の電子顕微鏡写真

して水酸化第二鉄粒子の赤錆となって雪の結晶に付着して赤く染めます。やがて雪の結晶が解けると赤錆は水底に沈殿するので、赤い雪は消えてなくなります。

地下水には、鉄分を含有している地下水と、含有していない地下水があり、鉄バクテリアは鉄分を含有している地下水に生息します。

約10万年前に鉄バクテリアにより生成した大規模な褐鉄鉱からなる鉄鉱床が九州の阿蘇山にあります。阿蘇の外輪山のカルデラがまだ湖であった頃から湧き出る熱水に含まれた鉄分が鉄バクテリアによって酸化され、生じた酸化鉄は湖底に沈殿して堆積し鉄鉱床となり、湖水が干上がった後に阿蘇黄土リモナイトが地上に現れました。黄色酸化鉄を主成分とするこの黄土は、加熱すると赤色酸化鉄になったので赤色顔料のベンガラとして使用されていたことが古文書に記されています。

阿蘇黄土はパイプ状酸化鉄であるので、これを生成する鉄バクテリアは現存する種族の先祖です。鉄バクテリアは原始の時代から水中の鉄を鉄錆の酸化鉄として沈殿させる作業を今日もなお続けています。

公園の小川やビオトープ池に井戸を掘って揚水した地下水を流すと、小川が赤く染まり、ビオトープ池に赤褐色の汚泥が発生しました。鉄バクテリアの増殖活動によるもので、地下水を利用する際には鉄含有の有無に注意が必要であることを示す実話です。

一方、地下水は古くから水道水の水源として使用されています。水道水に鉄が高濃度に含有すると金気臭くなり、また洗濯物を汚すなどの不都合が生じるので、水道水は除鉄処理されます。除鉄処理には薬品処理や曝気処理など種々の方法がありますが、費用対効果が最も大きい除鉄処理方法として鉄バクテリアを利用する生物処理が注目されました。

この生物処理は、地下水に生息して二価鉄を酸化させて三価鉄の赤錆を生成することができる鉄バクテリアを用いる方法で、この鉄バクテリアをろ過装置のろ材に付着させて原水を通水して接触させながら原水中の二価鉄を三価鉄の赤錆として懸濁させてろ過することにより原水から鉄分を除鉄する地下水の浄化処理方法です。

この処理のメカニズムは、鉄バクテリアの表面にお

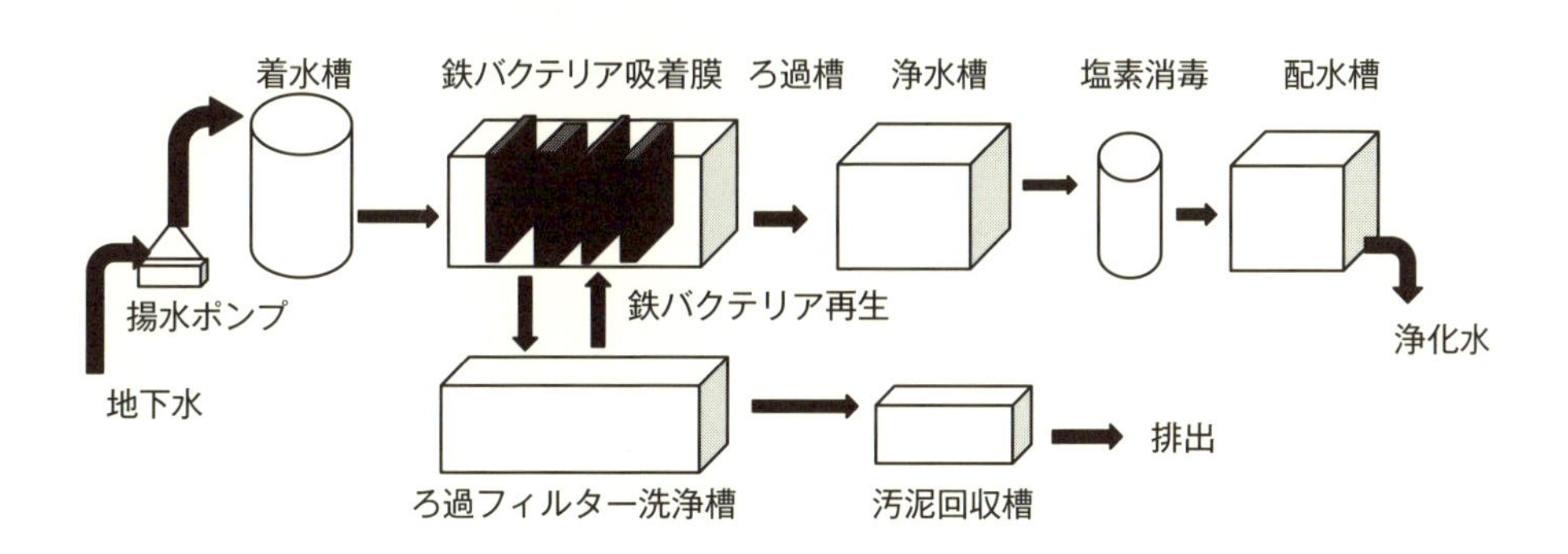

ける酸化還元酵素による触媒反応であると考えられています。また、この生物処理は除鉄の他にマンガンを除去する効果があり、さらにヒ素除去についても鉄バクテリアの酸化力が関与して効果を上げていることが明らかになりつつあります。

国内における鉄バクテリア法を実施している浄水場は現在、約25カ所です。今後は海外、特に発展途上国での実施が望まれています。

このように鉄バクテリアは、ある時は豪雪の尾瀬ヶ原に春を告げるアカシボとなり、またある時は井戸水から赤錆を発生する厄介者となりますが、除鉄処理において未来を指向する大いなる可能性を示しました。このような背景から、この鉄バクテリアを人工培養する研究が始まりました。人工培養した鉄バクテリアを増殖させて赤錆の含水酸化鉄を製造する方法が完成すれば、最も省資源・省エネルギーで環境調和型の酸化鉄製造法となります。

33 燃焼触媒になるナノ粒子の鉄錆

燃焼触媒とは、燃料を完全燃焼させる触媒です。燃焼効率を改善し、ある時は難燃性燃料の燃焼を促進させ、またある時は不完全燃焼による煙害物質の発生を抑止する触媒です。鉄錆の酸化鉄粉は着色顔料や磁性材料に汎用されていますが、化学合成触媒や燃焼触媒にも用いられます。

酸化鉄を微粒子化すると化学活性が増大することが知られるようになり、酸化鉄超微粒子に関する研究が盛んになり新機能性燃焼触媒が開発されました。

超微粒子とは、平均粒子径が5～50nmで粉体1g当たりの比表面積が100～500㎡のテニスコート1面より広い比表面積を有する粒子です。この粒子を酸化鉄ナノ粒子といいます。

1980年代の日本産業界は経済の高度成長期にあり、産業廃棄物や家庭ごみの排出量が増大して埋め立て地や焼却処分場の不足と、焼却排ガスが毒性の強いダイオキシン類を含んでいたことが社会問題でした。

ダイオキシン類というのは、ダイオキシンには類似した組成物が多数あり1種類ではないからです。

ダイオキシン類の発生源は塩素を含む塩ビなどの有機合成物であることは分かっていましたが、ごみから完全に分別することは困難でした。

ごみの焼却処分方法は、不完全燃焼するとその周辺の還元性雰囲気中にダイオキシン類の前駆体（生成要因となる物質）が生成するので、収集したごみを焼却炉で800℃以上の高温度で完全燃焼するように燃焼を制御してダイオキシン類の大量発生を抑制します。

排ガスは、含有する有害物質を後処理工程で除去した後、高さ約200mの煙突から大気中へ放出して希釈します。また、焼却灰は無害化処理し減容化した後、

従来のごみ焼却炉の排ガス浄化

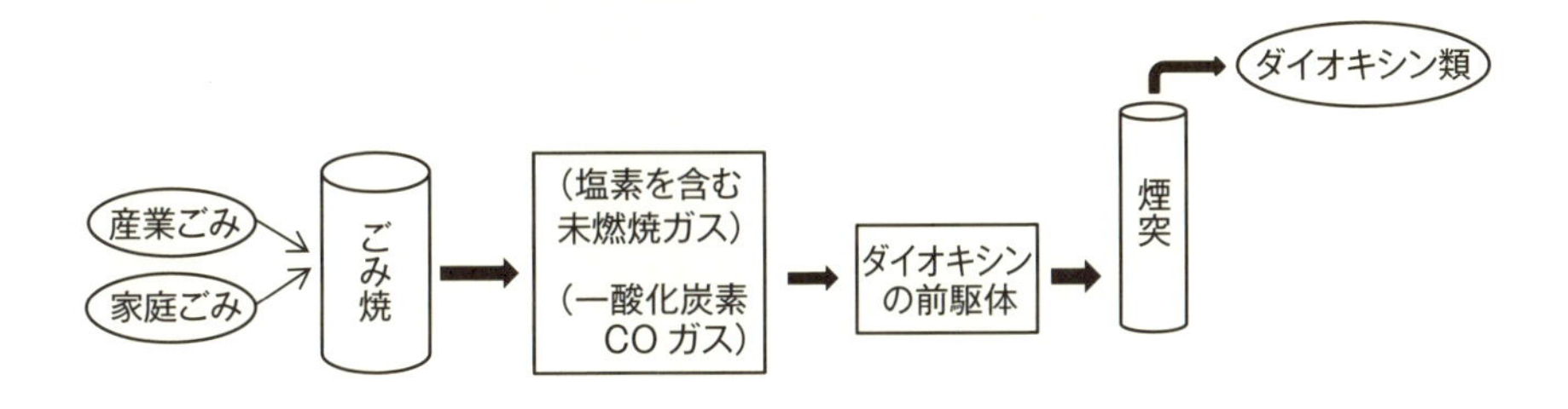

酸化鉄ナノ粒子を利用したごみ処理工程

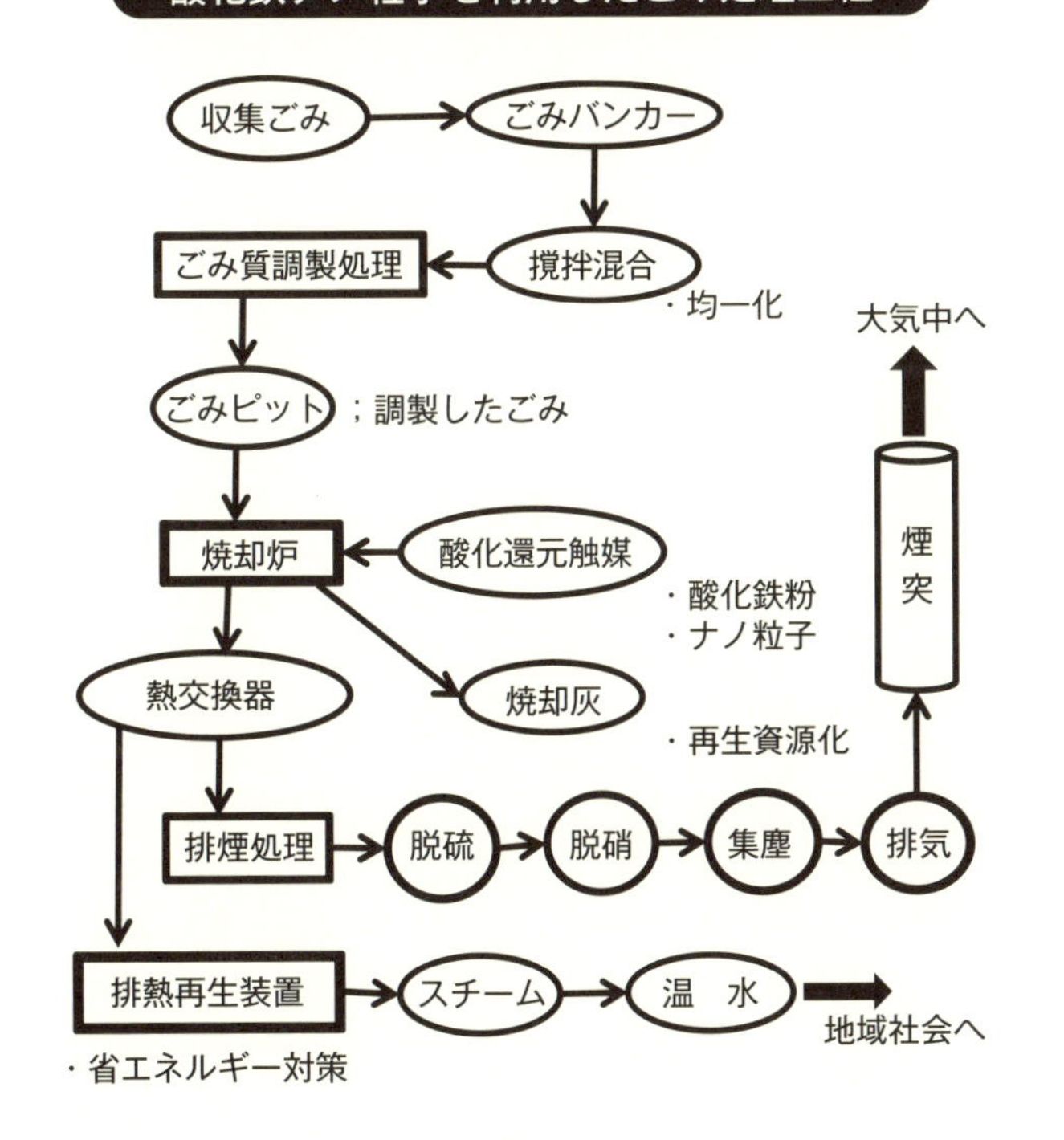

最終処分場に埋め立て処分するか、セメント原料などに再生します。

しかし、成分組成が不特定のごみを完全燃焼させることは非常に困難で、不完全燃焼ガスが発生するとダイオキシン類が生成したので、排ガスをダイオキシン類が分解する温度９００℃以上に加熱して処理されました。

ところが、分解したガスは温度が低下する過程で再合成（デノボ反応）してダイオキシン類が生成しました。

酸化鉄ナノ粒子の酸化還元触媒機能を利用して焼却炉の不完全燃焼部分に酸化鉄ナノ粒子を供給して完全燃焼を促進する方法が、酸化鉄メーカーの戸田工業により開発されました。投入法は直接法と間接法があります。

直接法によれば、焼却炉の燃焼温度が３００～４００℃の不完全燃焼部分には一酸化炭素が生成して還元性雰囲気になっているので、その部分に酸化鉄ナノ粒子粉を直接供給すると、一酸化炭素が酸化鉄ナノ粒子を還元すると同時に一酸化炭素は酸化して二酸化炭素となる酸化還元反応が起きます。焼却炉の雰囲気は完全燃焼雰囲気となり、ダイオキシン前駆体の生成を防止してダイオキシンの生成元を根絶するという方法でした。

間接法は、酸化鉄ナノ粒子粉をポリエチレンに重量で数％添加したシートで作製した袋をごみ袋としてごみを回収し、回収したごみ袋はそのまま焼却炉に投入する方法です。

日常の家庭ごみは市町村が指定したごみ用ポリ袋を使用して指定された場所に持って行けば、ごみ収集車が来てごみ焼却場に移送してくれますが、収集車が到着するまでの間、ごみ置き場のごみ袋は放置されたままなので、野良猫やカラスにつつかれて破られ、中のごみが道路に散乱するという被害が発生しました。

これまでのごみ袋は白色でしたが、ダイオキシン対策のごみ袋は黄色です。カラスには黄色が見えないので、ごみ袋に採用したところ、黄色いごみ袋の家庭ごみにはカラスの被害がなくなりました。燃焼触媒とカラス被害の削減に黄色鉄錆が貢献しました。

Column

紫外線をカットする鉄錆

紫外線は可視光線より波長が短くて目に見えない電磁波です。健康や環境への影響を考える観点から、紫外線はUVA、UVB、UVCに分けられています。オゾン層を通過して地上に到達する紫外線はUVAの5.6%とUVBの0.5%で、UVCは物質への吸収力が大きいのでオゾン層で吸収されて地上には到達しません。UVAは皮層の真皮層に作用してタンパク質を変成させて老化を促進します。UVBは表皮層の色素細胞に作用して日焼けの元になるメラニン色素を生成します。この時、ビタミンDを同時に生成するという特異な作用があります。UVCは生体を破壊する作用が最も強い光線であることが知られていますが、オゾン層に守られている限り地球上には到達しません。

このように紫外線は健康にとって厄介な光線ですが、日常生活で紫外線を完全に避けることはできません。少しでも影響を受けないようにするために、いろいろな対策が採られています。

美と健康のためには皮膚を紫外線から守る日焼け止めローション・クリームが使われています。このクリームには紫外線吸収能が高い酸化チタン白または酸化亜鉛白の微粒子粉が用いられていますが、最近では酸化鉄超微粒子（10nm）粉が酸化チタン白と同等またはそれ以上の紫外線吸収能があることが判明しました。酸化鉄は着色力があることを特徴にした用途で紫外線吸収剤として使用されます。例えば、家の窓ガラスに貼る紫外線防止用フイルムに使用すると、窓ガラスが半透明性のガラスになります。紫外線をカットする窓ガラスは家の中からは外が良く見えますが、外からは家の中が見えいなどの効果があります。自動車の窓にも利用できます。

34 磁性流体になる鉄錆を宇宙服や音響機器に利用

磁性流体は磁石に吸い付く液体です。この液体は、黒錆のマグネタイト微粒子を界面活性剤で表面処理して油や水などの液体に安定に分散させて合成した液体です。

磁性流体は分散媒により水系と有機溶媒系がありす。用途で使い分けられていますが、共通な磁性流体の特徴は、磁性粒子に鉄錆の黒色磁性酸化鉄マグネタイトの超微粒子（10㎚）を用いて水または有機溶媒中で界面活性剤を加えて分散させた単分散コロイド液であることです。界面活性剤がマグネタイト超微粒子を包み込んで分散しているので、粒子同士の凝集がないので沈殿することもない安定なコロイド液です。

磁石を近づけると磁気凝集が起きて磁石に吸い付き、磁石を遠ざけると簡単に再分散して元の液体に戻ります。これはマグネタイト微粒子の超常磁性（磁化するが残留磁化はゼロ）特性によるものです。

磁性流体はアメリカ航空宇宙局（NASA）の1人の技師により開発されました。その当時の1960年代は、アメリカは人類を月に送るアポロ計画に国の威信をかけていました。1969年7月、アポロ11号が月面に着陸して人類初の地球外惑星に人類を送り込む偉業を成し遂げました。

この時、宇宙飛行士は宇宙空間の無重力状態において気密を保ち動きやすい機能性宇宙服を着ていました。宇宙服の頭部と胴体の接合部や手足部の可動部などには気密性を確保するために磁性流体が使用されていました。磁性流体はどんなに狭く曲りくねった所にでも入り込むことができたので、宇宙服の接合各部分に磁性流体を装着して磁化することにより隙間を密閉して機密性を保つことができました。宇宙飛行士が月面に

磁性流体

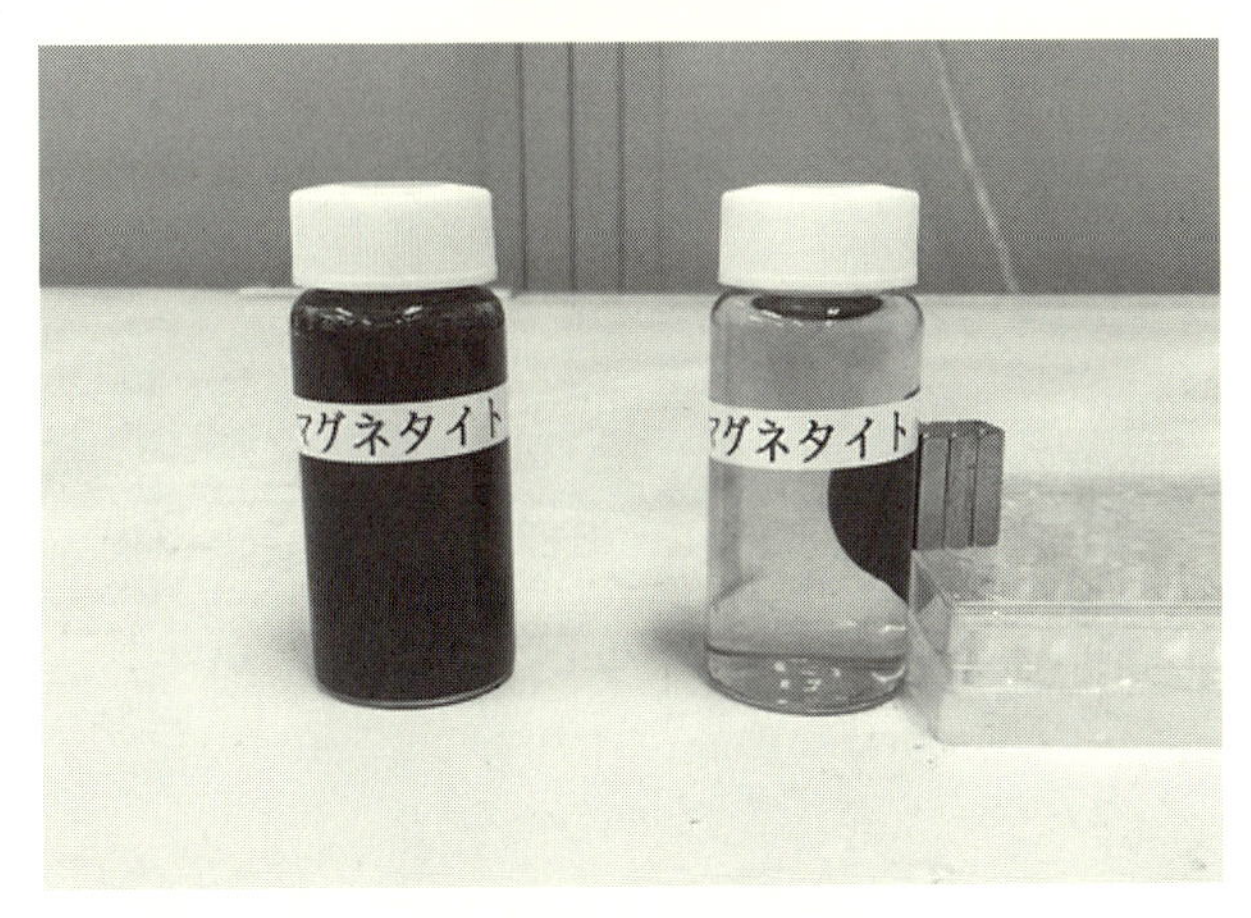

左の黒く見えるビンは分散安定した磁性流体。
磁石を近づけると右のビンのように磁気凝集して磁石に吸い付く。

足跡を残せた背景には、宇宙環境から宇宙飛行士を宇宙服に閉じ込めて保護した磁性流体の存在がありました。

アメリカが宇宙開発に熱中していた同じ頃、日本では東北大学で磁性流体に関する研究と開発が進められていました。磁性流体は新機能性材料としていろいろな産業分野で応用開発が進み、大きさ10㎚（1億分の10ｍ）の超微粒子マグネタイトの合成から分散技術に至るナノテクノロジーにより磁性流体の合成技術を開発して応用製品が実用化されました。

磁性流体は、半導体製造装置の真空シール、各種の電子部品の回転シャフト部の防塵シール用途に普及しました。この他、ダンパーやアクチュエーターなど磁性流体を利用した方法や装置に多用されています。

例えば比重選別法です。磁性流体は外部から印加する磁界の強さによって液の比重が変化し、磁性流体中にある非磁性体は磁場の弱い方向に力を受ける現象を利用した方法です。磁性流体を入れた容器に金属やプラスチック類を含む産業廃棄物を投入し磁界発生装置で磁性流体に磁場勾配を発生させると、非磁性のプラスチック類だけが浮上するので分別して回収できます。

また、ソニーが開発した「磁性流体スピーカー」はユニークなものです。

従来のスピーカーの構成は、スピーカーのフレームとボイスコイルと振動板とダンパーから成り、ダンパーはボイスコイルを支えコイルの振動を抑制する重要な部品でボイスコイルの中間に備えられています。

磁性流体スピーカーの構成は、従来品のダンパーを取り除き、フレームのボイスコイル収納溝に磁性流体を装填してボイスコイルの振動を磁性流体で吸収するという方式です。

この斬新な発想から生まれた磁性流体スピーカーは従来品よりも音声出力が増大し幅広い音域を再生するフルレンジスピーカーに進化しました。同時に消費電力の削減と軽薄短小化という波及効果を生じました。

磁性流体が誕生して約半世紀が経ちましたが、いまだに新しい機能性材料としての存在感を示しています。

磁性流体になった鉄錆も未来産業へと続きます。

磁性流体スピーカー

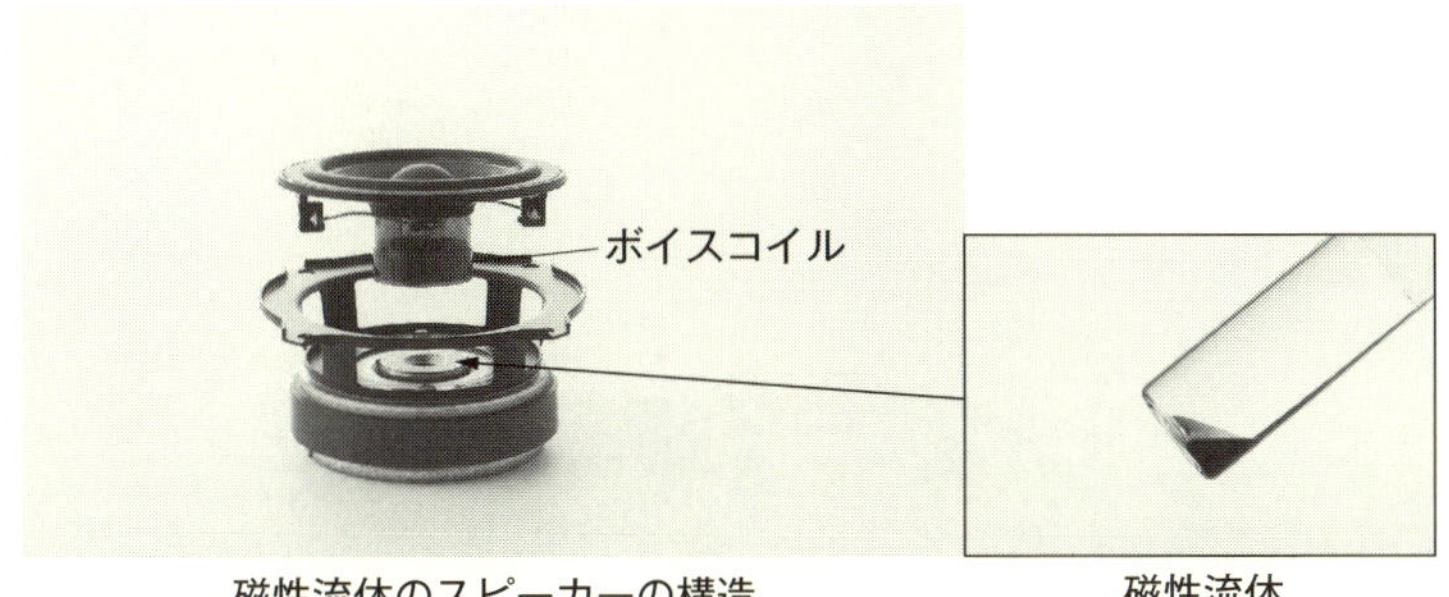

磁性流体のスピーカーの構造　　磁性流体

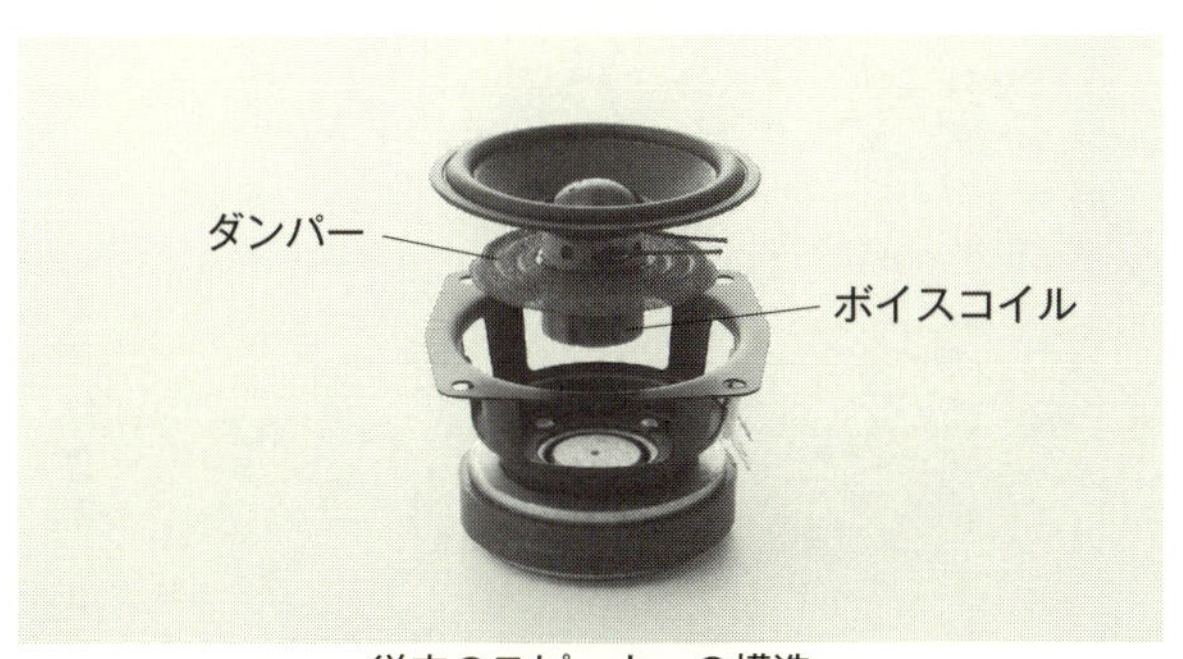

従来のスピーカーの構造

〔提供：ソニー㈱〕

参考文献

- 馬淵久夫、富永健：考古学のための化学、10章、東京大学出版会（1981）
- 川井直人：磁気の謎、講談社ブルーバックス（1982）
- 杉田清：鉄鋼業における耐火物技術の歴史的概観、新日鉄技報第388号（2008）
- 高原一郎、山崎泰雄：備中吹屋、山陽新聞酸ブックス（1997）
- 浅岡裕史、草野佳宏、中西眞、藤井達生、高田潤：紛体および粉末冶金、50，12（2003）、1062－1067
- TDK社編：withフェライト（1986）
- 星野愷：紛体粉末冶金技術協会記録用磁性材料シンポジウム、3（1975）
- 堀石七生：紛体および粉末冶金、42（1995）、85
- 小口寿彦：日本画像学会誌、39－3（2000）、85
- 高井利之：ICカード出改札システムSuica開発記、JR東日本技術レビュウNO.4
- 辻俊郎：NECで育った環境保全技術、NEC技報、46、9（1993）
- 今井知之：日本化学会中国四国支部第28回化学懇談会予稿集、7（1998）
- 稲田祐二：タンパク質ハイブリッド、第Ⅲ巻、共立出版社（1990）、1－8
- 井藤彰、本多裕之、小林猛：化学工学、67、12（2003）、692－695
- 松永是：磁性細菌の磁気微粒子の応用、材料と環境、40（1991）、687－693
- 村崎友春、川村孝一、大野燥、小俣新重郎：鉄バクテリアを利用したろ過池の除鉄効果とその維持管理、こうえいフォーラム第9号（2001）、1
- 市川米太：考古学と自然科学、10（977）
- 島津邦弘：山陽・山陰鉄学の旅、中国新聞社（1994）、16－121

ま　行

や　行

ら　行

英　字

た 行

な 行

は 行

索　引

あ 行

か 行

さ 行

●著者紹介
堀石　七生（ほりいし　ななお）

1960年、京都工芸繊維大学工業短期大学部機械電気科卒業、戸田工業㈱入社。1980年、同社創造部研究部長。1988年、同社取締役役員、創造本部副本部長。1999年、同社役員退任、常勤技術顧問。2001年～2003年、岡山大学非常勤客員教授。2002年、東京工業大学非常勤客員教授。2003年～2005年、東京理科大学非常勤講師。工学博士（1999年、東京工業大学）。

受賞歴には、1981年科学技術庁長官発明奨励賞、1994年粉体粉末冶金協会賞技術功績賞、2000年特許庁長官発明奨励賞、2005年加藤科学振興会加藤記念賞などがある。

著書：「機能性酸化鉄粉とその応用」（米田出版）

NDC564.7

おもしろサイエンス**錆の科学**

2015年5月26日　初版第1刷発行　　　定価はカバーに表示してあります。

©著者	堀石七生	
発行者	井水治博	
発行所	日刊工業新聞社	〒103-8548 東京都中央区日本橋小網町14番1号
	書籍編集部	電話 03-5644-7490
	販売・管理部	電話 03-5644-7410　FAX 03-5644-7400
	URL	http://pub.nikkan.co.jp/
	e-mail	info@media.nikkan.co.jp
	振替口座	00190-2-186076

印刷・製本　新日本印刷㈱

2015 Printed in Japan　落丁・乱丁本はお取り替えいたします。
ISBN　978-4-526-07396-0